中国元素在服装设计中的融入与表达研究

马艳红 著

中国商务出版社

·北京·

图书在版编目（CIP）数据

中国元素在服装设计中的融入与表达研究／马艳红
著 . 一北京：中国商务出版社，2024.4
ISBN 978-7-5103-5157-0

Ⅰ.①中… Ⅱ.①马… Ⅲ.①服装设计–研究–中国
Ⅳ.①TS941.2

中国国家版本馆 CIP 数据核字（2024）第 090688 号

中国元素在服装设计中的融入与表达研究

马艳红　著

出版发行：中国商务出版社有限公司
地　　址：北京市东城区安定门外大街东后巷 28 号　　**邮　　编**：100710
网　　址：http://www.cctpress.com
联系电话：010-64515150（发行部）　　010-64212247（总编室）
　　　　　　010-64515210（事业部）　　010-64248236（印制部）
责任编辑：吕伟
排　　版：北京嘉年华文图文制作有限公司
印　　刷：北京印匠彩色印刷有限公司
开　　本：710 毫米×1000 毫米　1/16
印　　张：14.25　　　　　　　　　　**字　　数**：237 千字
版　　次：2024 年 4 月第 1 版　　　　**印　　次**：2024 年 4 月第 1 次印刷
书　　号：ISBN 978-7-5103-5157-0
定　　价：79.00 元

前　言

21世纪以来，全球化进程不断深入，伴随着信息时代的迅猛发展，世界各地的文化交流变得前所未有的频繁。在这一背景下，中国元素在服装设计中的融入与表达不仅成为一种趋势，也成为一个重要的研究领域。中国拥有几千年文明历史，中国独特的文化元素和艺术形式一直是全球设计师们探索与借鉴的宝库。从秦汉时期的端庄肃穆，到唐宋时期的华丽壮美，再到明清时期的精致雅致，每一个时期的服装都深深地印刻着那个时代的文化烙印，反映了中华民族的审美观念和生活哲学。

随着经济全球化的发展，中国元素在国际舞台上的影响力日益增强，越来越多的设计师开始尝试将中国元素融入现代服装设计中，以期创作出既有国际视野又不失民族特色的作品。然而，如何在保持传统韵味的同时，实现创新与时尚的融合，如何避免文化元素的误读和挪用，成为值得深入探讨的问题。《中国元素在服装设计中的融入与表达研究》一书正是在这样的背景下应运而生，其旨在探讨中国元素在现代服装设计中的应用、转化及文化意义，以期为服装设计者提供新的视角和思考路径。

本书共分为六章，分别从多个角度深入探讨中国元素在服装设计中的融入与表达。第一章"绪论"为读者概述了中国元素的概念界定与分析，从而建立全书的理论基础。第二章"中国元素在历代传统服饰设计中的取古与赋新"通过详细考察中国各历史时期的传统服饰，展示这个历史时期服饰中中国元素的丰富内涵与演变历程。第三章"中国元素在不同服装设计要素中的融入与表达"进一步深化对中国元素如何融入现代服装设计的各个方面的讨论，包括面料、色彩、款式、图案与装饰工艺等。第四章"服装设计中对不同中国元素的提取与转化"着重探讨如何将传统文化元素如书画、刺绣、瓷器等转化为现代服装设计的灵感与元素。第五章"中国元素在服装设计中的创新应用与表达实践"通过案例分析，展示中国元素在当代服装设计中的创新应用，强调设计师要在保留传统精髓的同时，赋予其新的生命力和时代感。第六章"中国元素服装品牌的营销与跨文化传播"讨论中国元素服装品牌在全球市场中的定位、挑战与跨文化传播策略，旨在探索如何将中国设计推向国际市场，实现文化传播与商业运营的双重成功。

本书的学术价值主要体现在以下几个方面：一是理论与实践的结合。本书不仅深入探讨了中国元素的历史演变和文化内涵，还详细分析了这些元素如何在现代服装设计中得到应用和转化，进而为设计师提供将传统文化与现代设计相结合的实用策略和灵感源泉。这种理论与实践的结合，有助于推进服装设计领域的学术研究与创新设计实践的互动发展。二是文化传承与创新。通过对中国元素在服装设计中的应用的深入分析，本书展示了如何在尊重和保护传统文化的同时，进行创新和再创作，进而促进中华优秀传统文化的传承与发展。这对弘扬民族文化、提升民族文化自信具有重要意义。三是跨学科视角。本书涉及服装设计、历史学、美学、文化研究等多个学科领域，展现了跨学科的研究视角。这种跨学科的研究方法不仅丰富了服装设计的理论基础，也为相关学科的交叉融合和创新提供了新的路径。四是国际视野与本土价值的结合。在全球化背景下，本书讨论了如何将具有深厚中国文化底蕴的设计元素融入符合国际审美要求的服装设计中，既保留了中国元素的本土价值，又提升了其在国际舞台上的影响力，为推动中国设计"走出去"提供了理论支持和实践指导。五是对服装设计教育的贡献。本书系统地总结了中国元素在服装设计中的应用与表达，为服装设计教育提供了丰富的教学资源和案例，有助于提升设计师的文化素养和创新能力，同时也为服装设计专业的学生提供了宝贵的学习材料。六是促进服装品牌的跨文化传播。通过分析中国元素服装品牌的市场调研、文化营销策略以及跨文化传播的实践，本书为中国服装品牌的国际化发展提供了策略指导，有助于提升中国服装品牌的全球竞争力。总之，本书通过对中国元素在服装设计中的融入与表达进行全面而深入的探讨，不仅丰富了服装设计领域的学术研究，也为促进文化传承、创新设计实践和跨文化交流提供了有价值的参考和启示。

在撰写本书的过程中，作者深入分析了国内外大量的研究成果，并结合实际案例和最新实践经验，努力在理论与实践之间搭建桥梁，为读者提供一个全面而深入的研究视角。作者希望，本书不仅可以为服装设计师、学者和学生提供宝贵的参考资料，促进中国元素在服装设计中的深入研究和广泛应用，同时也可以为促进中华优秀传统文化的传承和发展、增强民族文化自信提供支持和启示。

此外，在本书的撰写过程中，作者深知不可能面面俱到，因此期待读者能提出宝贵的意见和建议，以便使作者在未来的工作中不断进步和完善。最后，作者诚挚地希望本书能够为推动中国元素在服装设计领域的创新与发展作出贡献，同时也为相关领域的研究和实践提供有益的参考。

作　者
2024 年 3 月

目 录

第一章

绪　论

　　中国元素在服装设计中的融入与表达一直是一个引人关注的研究领域。随着中国文化在国际上的传播和时尚产业的发展，越来越多的设计师开始将中国传统元素巧妙地融入他们的作品中。这种融合不仅展现了设计师对中国传统文化的尊重和理解，同时也为服装设计注入了独特的韵味和风采。研究中国元素在服装设计中的融入与表达，不仅有助于相关从业者深入挖掘中国传统文化的内涵，也对时尚设计的创新与发展具有重要意义。

第一节 中国元素的概念界定与分析

一、中国传统文化的内涵

中国传统文化是中华文明演化而汇集成的一种反映民族特质和风貌的民族文化，具有中国民族历史上各种思想文化和观念形态的总体表征，是指由晚清以前（主要是西周到清中叶这三千年）居住在中国地域内的中华民族及其祖先所创作的、为中华民族世世代代所继承发展的、具有鲜明民族特色的、历史悠久的、内涵博大精深、传统优良的宏大古典文化体系。

中国传统文化是中华民族几千年文明的结晶。在漫长的中国历史中，中华民族所创作的物质成果和精神成果是非常丰富的，渗透其中的精髓——中国文化是永恒存在的。

中国传统文化包含的内容非常广泛，以下六个方面主要体现了其丰富的内涵：

一是独具特色的语言文字。作为一种象形文字，汉字不仅是中国人的日常书写工具，更是中华文明的象征，深厚的历史渊源和丰富的内涵使其成为世界上独特的文字体系之一。

二是浩如烟海的文化典籍。诸如《诗经》《论语》《大学》等经典著作，不仅记录了古人智慧的结晶，也是后人学习和思考的重要资源，对中国人的思维方式和文化观念产生了深远影响。

三是嘉惠世界的科技工艺。中国古代的四大发明——指南针、造纸术、火药和活字印刷术，以及雕刻、陶瓷等工艺技术，展现了中国古代人民在科技领域的卓越造诣，这些都对世界文明的发展产生了重要影响。

四是精彩纷呈的文学艺术。中国古代文学作品以其丰富多彩的题材和深刻的思想内涵为世人所称道，成为世界文学宝库中的瑰宝。

五是充满智慧的哲学宗教。儒家、道家、佛家等各种思想流派在中国文化中各具特色，它们对中国人的道德观念、生活方式以及社会秩序产生了深远影响，为中国文化的发展提供了丰富的思想资源。

六是完备深刻的伦理道德。中国传统文化强调"仁爱""孝道""忠诚"等价值观念，这些道德准则贯穿于中国人的日常生活中，塑造了中国人的行为规范和社会风貌，为社会稳定与和谐发展提供了重要保障。

综上所述，中国传统文化具有丰富多彩的内容和深远的影响力，不仅是中华民族的宝贵财富，也是世界文明的重要组成部分，其将继续为人类文化的繁荣与进步贡献力量。

二、中国元素的含义及内容

对西方人来说，中国元素往往充满了神秘色彩和独特的吸引力。特别是2008年北京成功举办奥运会后，中国元素更是成为世界瞩目的焦点，吸引了无数外国友人的关注。那么，究竟什么是中国元素呢？

任何被大多数中国人认同的，并体现国家尊严和民族利益的形象、符号或风俗习惯，都可以被视为中国元素。从王羲之的书法艺术到吴冠中的水墨画，再到梁思成心中的飞檐斗拱，无不体现着中国传统文化的精髓。中国元素是中国传统文化的象征，是凝结着中华民族传统文化精神的形象、符号或风俗习惯。

那么，中国元素具体包括哪些内容呢？中国传统文化包含的范围广泛，主要分为六个方面：语言文字、文化典籍、科技工艺、文学艺术、哲学宗教以及伦理道德。在这些的基础上，中国元素可以进一步细分：

首先是中国传统建筑风格元素，包括宫殿、陵墓、寺庙、园林等，这些建筑风格元素展现了中国古代建筑精湛的工艺和深厚的文化底蕴。

其次是中国传统文化风格元素，如青花瓷、剪纸、戏剧、水墨画、书法、壁画等。这些艺术形式在中国文化中扮演着重要角色，反映了中国人民的审美情趣和文化追求。

最后是中国传统服饰风格元素，涵盖了面料、色彩、款式、图案、装饰工艺等方面。中国传统服饰以其独特的设计和精湛的工艺赢得了世人的赞誉，成为中国元素中不可或缺的一部分。

三、中国元素在服饰中的体现

（一）面料

在服装设计中，面料是设计师表达创意的重要媒介。面料不仅可以满足审美需求，还能展现服装在不同动作下的效果。随着纺织技术的发展，新型面料给设计师带来了更多想象空间，而传统面料仍然具有独特魅力。绫、罗、绢、绮、绵、纨、锦缎、丝绸、麻、蓝印花棉布等传统面料，在国际市场上都享有盛誉。

在现代时尚舞台上，带有中国风格的面料备受设计师青睐。丝绸因其细腻、柔软、飘逸、华丽的特性而著称，是国际服装设计大师钟爱的面料之一。丝绸常见于国际时装周，如意大利品牌范思哲（Versace）和英国品牌玛切萨（Marchesa）的设计，就是用丝绸展现了女性的娇美与妩媚。同时，中国服装设计师也喜欢运用中国传统面料，如麻、棉、丝等。梁子是中国服装设计师的典型代表，她在2008年春夏时装发布会上运用了莨绸，这种丝绸制作工艺虽然复杂，但能展现出简洁大气、细腻含蓄的效果。梁子善于运用看似平淡却质地优良的丝、麻、棉、毛等纯天然面料，展现出人们在平淡中的魅力。

（二）色彩

服装的色彩对其整体美感至关重要。不仅如此，服装所采用的色彩还承载着民族特性、自然环境、传统文化等方面的意义。不同民族的心理气质和审美观念直接影响着其对色彩的偏好及体验。东西方文化在色彩运用上存在着显著的差异，这一点在服装设计中尤为明显。

在历史上，各个民族在服装色彩的选择上都有其独特的偏好和传统。例如，法兰西和西班牙民族倾向于使用明亮而热情的色彩，这反映了他们奔放的精神。北欧地区的民族则更倾向于选择冷峻的色彩，这可能与严酷的自然环境和宗教信仰有关。中国古代的服装色彩深受阴阳五行理论的影响，黄、红、黑、青、白五色被视为正色，代表着高贵和权威。

中国传统服饰的色彩以红和黑为主，这两种色彩蕴含了几千年来中国人民的审美情感和民族特性。

现代服装设计师在创作过程中常常受到传统文化的启发。一些国际知名设计师如乔治·阿玛尼（Giorgio Armani）和卡尔·拉格菲尔德（Karl Lagerfeld）都曾运用中国传统的红黑色彩进行设计。他们将中国传统色彩与现代设计相结合，创作出具有独特魅力的服装作品。此外，中国本土设计师也积极将传统元素融入自己的设计中，如郭培和薄涛等设计师就运用中国传统的红黑色彩，展现出独特的设计风格。

中国的服装色彩元素逐渐在国际舞台上崭露头角。设计师们将中国民族风情作为创作素材，为服装设计注入了新的活力。这种跨文化交流不仅丰富了服装设计的内容，也促进了不同文化之间的相互理解。在全球化的今天，中国服装色彩元素的影响力正日益扩大，为促进世界时尚发展注入新的活力。

（三）款式

随着时代的变迁，传统服装的款式虽然在不断与时俱进，但它们仍然拥有东方服装的特征。这种服装采用直线型裁剪，呈现宽松肥大的造型，属于二维平面的非构筑式结构。与西方服装追求的省道形式的窄衣紧身的立体设计不同，中国传统服装的款式不强调人体的形态特征，而是通过色彩、式样和装饰来区分男女服装。

中国传统服装强调"天衣无缝"的处理，整体感觉自然、清新、飘逸、和缓，使人与自然和谐融为一体。因此，中国传统服饰常被形容为"褒衣博带"，展现出一种自然、清新的韵味。与此相反，西方服装表现出三维效果的构筑式结构，强调空间感和立体感。

意大利奢侈品牌普拉达（Prada）在2008年春季成衣设计中借鉴了中式的立领，并加入了鲜艳的中华民族色彩，使人们对其设计爱不释手。中外设计师似乎特别钟爱旗袍这一中国元素，在2009年的中国服装周，国内设计师大胆借鉴了旗袍的元素，对其进行改良并融入中国结和山水水墨画的意境，增加了服装的中国韵味。例如，欧柏兰奴品牌创始人罗峥在2009春夏时装发布会上展现了对中国传统元素的融合和创新，体现出中国传统服装在当代设计中不断焕发的魅力。

（四）图案

作为服装及其配件的重要组成部分，服饰图案承载着丰富的文化内涵和艺术价值。这些图案通过抽象、变化等手法，赋予服装独特的装饰性和美感，成为服装设计中的重要元素。不仅如此，服饰图案还承载着社会象征性，代表着不同的宗教、阶级，反映着着装者的身份和地位。

中国古代传统服饰图案以其独特的艺术手法和丰富的寓意而闻名于世。其中，具象形式的服饰图案，如飞禽走兽、四季花卉、天文地貌等，展现了人们对自然界的描绘和赞美；抽象形式的服饰图案，如符号、几何纹样，则呈现出简洁而富有节奏感的美学；包含吉祥寓意的图案，如龙凤呈祥、五福捧寿等，传达了人们对美好生活的祝愿和向往。

在中国历史上，服饰图案同时承载着王权的象征，其中最具代表性的是十二章纹。龙纹作为中国古代帝王的专用纹饰，象征着至高无上的权力和地位，成为帝王服饰上的标志性图案，而这些图案的使用，不仅是对王权的彰显，更是对社会等级和身份的象征性展示。

随着时间的推移，中国传统服饰图案不仅在国内得到了传承和发展，在国际舞台上也展现出了其独特的魅力。许多国外服装设计师深深地热爱着中国的艺术元素，将其融入自己的设计中。例如，法国服装设计师让-保罗·高缇耶（Jean Paul Gaultier）在其2001年秋季高定系列中融入了剪纸和旗袍元素，让人感受到了穿越时空的奇妙；法国品牌迪奥（Dior）在2009年春季高定发布会上运用了青花瓷元素，展现出中国传统与现代时尚的完美结合。同时中国设计师们也在不断地探索和创新，将传统元素融入现代服装设计中。在中国服装周上，他们频频展示着以中国元素为主题的设计作品。例如，薄涛品牌在2011年发布会上以"水墨乾坤"为主题，将中国山水花鸟画的意境融入服装设计中，展现出浓厚的文化底蕴和艺术气息。

（五）装饰工艺

中国的传统装饰工艺源远流长，以其精湛的技艺和独特的魅力而闻名于世。其中，"盘、滚、绣、镶、嵌、宕"等工艺凝聚着劳动人民的智慧，呈现出栩栩如生的图案，展示出中国传统工艺的神秘魅力。

刺绣作为一种历史悠久的装饰工艺，从古至今一直在中国服装中占据重要地位。在漫长的发展过程中，刺绣甚至成为"衣必锦绣"的代名词。镶滚工艺在清朝时期达到了巅峰，成为时尚的象征，从"三镶三滚""五镶五滚"，发展到后来的"十八镶滚"，展现出其独特的艺术魅力。

除了刺绣和镶滚，中国还有许多其他传统装饰工艺，如蜡染、扎染、印染、手绘、拼接、贴绣和编织等，这些工艺赋予了服饰不同的风格和民族情趣。这些装饰工艺将图案装饰在各种服饰和配件上，使普通的服装焕发出精致传神的魅力，令人爱不释手。

随着时间的推移，许多传统工艺逐渐没落。在现代社会，人们对传统工艺的认知和传承已经变得越来越少，一些传承千年的古老手工艺几近失传，这一现象引起了人们对传统工艺保护的重视。我们应该珍惜和保护我们的民族传统手工艺，使之得以发扬光大，不让这些神奇与精湛的技艺消失。

在当今的时尚舞台上，越来越多的外国服装设计师开始挖掘中国宝贵的传统手工艺，并将其运用到自己的创作中。例如，英国服装设计师约翰·加利亚诺（John Galliano）在2009年春夏时装发布会上运用了中国传统的刺绣工艺，意大利品牌古驰（Gucci）设计师弗里达·贾娜妮（Frida Giannini）则将扎染工艺运用于自己的作品中，日本设计师高田贤三在其作品中运用了中国传统拼接镶珠的手法，中国设计师邓皓则以古典编织手法结合扎染的晕染效果，创作出优雅庄重的作品。

第二节　中国元素融入服装设计的价值阐释

一、现代服装设计中融合中国元素的意义

在当今时代，全球化交流日益频繁，文化交融成为一种潮流。在服装设计领域，融合中国元素已经成为一种时尚趋势，这不仅是对传

统文化的尊重和传承，更是一种跨越国界的文化交流，具有深远的意义。

首先，融合中国元素在现代服装设计中具有文化传承的价值。中国拥有悠久的历史和灿烂的文化，其丰富的传统元素给现代设计师提供了无穷的灵感。从中国传统服饰中提取的图案及刺绣工艺等元素，不仅展现出中国文化的独特魅力，也延续了历史文化传统，让古老的文化焕发出新的生机。

其次，融合中国元素可以增加服装设计的创新性和独特性。中国文化源远流长、博大精深，其独特的审美观念和设计理念给现代服装设计带来了新的思路。设计师们通过将中国元素巧妙地融入服装设计中，创作出独具一格、富有个性的作品，给时尚界注入了新的活力。

再次，融合中国元素有助于拓展国际市场和提升品牌影响力。随着中国经济的快速发展和国际地位的提升，越来越多的外国人对中国文化产生了浓厚的兴趣。将中国元素融入服装设计中，不仅能够吸引国内消费者，也能够吸引国际市场的关注。这不仅有助于品牌的国际化发展，也有助于提升中国文化在全球的话语权和影响力。

最后，融合中国元素在现代社会中具有重要的文化认同和身份认同意义。随着全球化的发展，人们对自己文化的认同和自豪感愈发重要。通过穿着融合中国元素的服装，人们不仅能够展现自己对中国文化的热爱和认同，也能够表达出对自己身份的认同和文化自信。

综上所述，融合中国元素在现代服装设计中具有重要的意义，这不仅是对传统文化的传承和发扬，更是一种文化交流和创新的体现。通过将中国元素融入服装设计中，我们不仅能够展现中国文化的独特魅力，也能够为时尚界注入新的活力和提供创意，实现文化传承与创新的双赢。

二、中式意境在服装设计中的应用

（一）中国情结下的民族共情设计

中国的服装设计已经开始逐渐融入民族情感，以一种抽象而深远的方式展现出对国家和文化的共情，这种民族共情通过品牌设计师的创作，引起了国人内心深处的共鸣，成为中国服装品牌崛起的新引擎。数据分析公司尼尔森发布的2019年第二季度中国消费趋势指数报告显示，超过一半的中国消费者更偏好国产品牌，这反映出了民族情怀在消费选择中的重要性。消费者对品牌的认可程度直接影响了中国国产品牌的崛起速度，情感共鸣成为品牌设计的核心驱动力。

举例来说，在运动服装品牌中，中国元素的融合已成为一种常见的设计手法。以李宁为例，该品牌在设计中频繁运用汉字元素，将中国文化符号巧妙融入服装设计中，达到了强烈的视觉表达效果。李宁2020年的春夏系列更是以中国体育精神的象征——乒乓球为主题，通过鲜明的色彩和复古的设计，打造出符合消费者心理的产品。设计师灵活运用抽象的图案组合，将乒乓球图案与汉字等元素相结合，创作出一种独具未来主义风格的视觉效果。这些设计不仅唤起了人们的爱国情怀，还展现出中华文化的独特魅力。

现今的服装设计已经逐渐成熟，不仅能唤起中国人的爱国情怀和传统文化保护意识，还有助于传承与发扬中华文化，实现传统文化与现代时尚及流行文化的有机融合。通过将中国传统文化元素巧妙地融入现代设计中，使得服装设计更加鲜明突出，展现出独特的中式时尚魅力。这种融合不仅是对传统文化的传承，也是对时代精神的呼应，更是创新的体现。因此，中国的服装设计正朝着一种更加具有民族特色和文化底蕴的方向发展，向世界展现出中国式时尚的独特魅力。

（二）文化影响下的内容元素设计

中国文化元素在内容设计中扮演着重要的角色，它们既是设计的灵感之源，也是作品的独特魅力所在。通过将传统文化与现代设计相结合，我们可以更好地传承中华民族优秀的传统文化，也可以创作出更具中国特色、更具时代感的设计作品，助力中国文化在世界舞台上展现出独特的魅力。

中华文化的独特之处在于其浓厚的历史底蕴和深远的文化内涵。其不仅包含着丰富的故事和深邃的内涵，还承载着悠久的历史记忆和深刻的时代意蕴。服装作为社会文化发展的缩影，更是具有独特的故事性、内容性、时代性和历史性。

中国传统基因的作用在服装设计中得到了凸显，并通过直接或间接的意象形式进行表达。这种独特的设计手段不仅体现了现代科学文化，同时也传承了中国传统文化的精髓，使得中国风格的服装不仅具有了现代感，更融入了丰富的历史和文化底蕴。

中国传统文化源远流长，包括儒家思想、道家哲学、佛教文化、中医养生等，这些传统文化元素经过千百年的传承，已经深深扎根于中国人的生活之中。在内容设计中，传统文化常常被用作灵感的来源。例如，在品牌 logo 设计中融入传统的书法艺术，或是在产品包装上运用古代诗词的意境。同时，也有不少创新的设计作品将传统文化元素与现代元素相结合，形成独具时代感的新风格。

中国是一个多民族、多文化的国家，各地的民俗风情各具特色。在内容设计中，不同地域的民俗文化常常被用作创作的素材，如北方的冰雪文化、南方的水乡文化、西南的藏羌文化等。这些民俗元素不仅丰富了设计作品的表现形式，也为当地的文化传承做出了贡献。

（三）利用怀旧手段创新设计

在处理怀旧主题时，一些品牌选择采用延续式创新古代元素的方式来创作经典的复古主题。所谓的"经典唤醒设计"是指在特定的时代背景下，以批判的眼光重新诠释古代文化元素，并进行颠覆式设计。通过将怀旧元素和复古元素相结合，设计师们在创新中展现出了独特的审美，为时尚界带来了新的活力和魅力。这种创新设计不仅是对过去的致敬，更是对当代文化的重新解读和再现。因此，利用怀旧手段创新设计不仅满足了消费者对复古情感的追求，也为服装设计注入了新的灵感与活力。

三、中国传统文化与现代服装设计

在当下的时尚舞台上，传统文化元素正成为西方设计师们追逐的新宠。近年来，越来越多的设计师将他们的目光聚焦在传统文化的丰富瑰宝上，因为他们深知，这些元素源自生活、扎根实践，是纯粹而贴近实际生活的表达，也是容易被人接受的时尚元素。传统文化的深厚底蕴激发了设计师们的灵感，成为他们设计的灵感源泉，赋予现代时尚更为丰富的内涵。

　　这一趋势的崛起，得益于设计师们对传统文化精髓与养分的深刻领悟。通过对传统文化的细致挖掘和理解，设计师们将其重新融入现代设计中，使得传统元素在时尚舞台上焕发出勃勃生机。传统文化元素在现代设计创作中扮演着举足轻重的角色，它们不仅是装饰，更是时尚作品灵感的灯塔。时尚界的这一趋势并非偶然，正是因为传统文化元素的渗透，使得时装设计展现出更为多元和富有深度的一面。

　　特别是在时装设计领域，传统文化元素的应用愈加频繁。这并非简单地将传统元素套用到现代设计中，而是设计师们通过对传统文化的深度理解，成功地创作出融汇了传统底蕴的时尚之作。在这个过程中，设计师们不仅展现了他们对传统文化的尊重，更在时尚舞台上加入了浓厚的民族文化氛围。正是在这肥沃的传统文化土壤中，时尚设计才得以创作出更为独特、富有个性的艺术品。传统文化元素的复兴不仅为时尚注入了新的生命力，同时也让人们在追逐时尚的同时感受到文化的深厚底蕴。

（一）中国传统文化元素的艺术价值

　　中国传统服装在人们心中留下了深刻的印象，其特征包括长袍长袖、纶巾长带等，展现出悬垂飘逸、流动感十足的气质。这些服饰线条流畅，充满着写意的神韵，常常呈现出十字交叉的状况，即上下左右互相垂直，这与古代中国人民崇尚的"天圆地方"理念息息相关。

　　"天圆地方"理念代表了中国古代哲学家对宇宙观的追求和对生活境界的理解。"天圆"象征着永恒和无限，而"地方"则象征着稳固和根基。这个理念被深深地融入到传统服装的设计中，不仅体现了古人对永恒和稳定的向往，也折射出中国文化中对平衡与和谐的追求。

　　中国传统服装所展现的神韵和内涵离不开人文情怀的熏陶。正如俗话所说，"艺术来源于生活，却又高于生活"。艺术创作的灵感虽然源自人们的日常生活，但在表现形式上却超越了生活的局限，融入了更高层次的审美追求和人文内涵。

　　因此，中国传统服装不仅是一种衣着形式，更是一种文化的象征和精神的表达，其凝聚了古代智慧和审美观念，展现出中华民族的文化底蕴和审美情趣。在当代，尽管时尚潮流不断变迁，但中国传统服装仍然保持着其独特的魅力，不断吸引着世界的目光，成为中国文化的重要代表之一。

（二）中国传统文化元素的人文价值

在当代设计领域，许多设计师在创作时首先考虑的是中国人的审美心理。他们巧妙地将中国传统艺术元素中的吉祥物图案，如龙、凤、喜鹊等，融入服装设计中，以获得大众心理的认同和喜爱。这些吉祥物图案在中国传统文化中已经深深根植。因此，将这些图案运用于服装设计中，不仅是一种时尚，也是对中国传统文化的致敬和延续。

这样的服装设计本身蕴含着丰富的人文底蕴。吉祥物图案代表着中国人的历史、文化和精神追求，其象征意义在大众心中已经深深扎根。对具有强烈归属感的中国人来说，这些图案所传达的意象是无法替代的，它们唤起了人们对传统文化的情感认同，引发了人们对历史和文化传承的思考与回忆。

因此，这些设计不仅是服装，更是一种文化的传承和表达。它们通过服装这一载体，将中国传统文化的精髓展现给世界，使得传统与现代相结合，将传统文化融入当代时尚之中。这种融合不仅体现了设计师对传统文化的尊重和创新，也促进了中国文化的传播和发展。在大众眼中，这些具有传统意义的服装设计不仅是时尚，也是一种身份的象征，同时也会带来文化的自豪感。

第三节　从文化挪用到设计自信的服装设计演进

近年来，随着中国文化在国际舞台上的影响力越来越大，西方的服装设计师开始频繁地汲取中国元素作为灵感来源。2022年，在法国奢侈品品牌迪奥（Dior）早秋成衣系列发布会上所展示的一条被称为"标志性的Dior廓形"的中长半身黑色裙子引发了一场轩然大波，被业内人士称为"马面裙事件"。

这条裙子的结构与中国传统服饰中的马面裙十分相似，继而引发了一系列海内外的争议，争议的焦点主要集中在以下几个方面：首先，有人认为这条裙子是采用了迪奥品牌标志性的廓形设计，属于全新的时尚单品，而非简单的文化借鉴。其次，品牌发布选址于韩国首尔梨花女子大学，这被视为对韩国市场而非中国奢侈品市场的重视。最后，迪奥品牌在"马面裙事件"后，只在中国官网下架了该裙装，并关闭了评论功能，而没有对事件做出正面回应，这种公关处理方式更加激化了矛盾。

对"马面裙事件"的讨论，不能简单地归结为"文化挪用"或"借鉴"，因为其涉及更为复杂和多面的问题。这一事件折射出当代时尚界跨文化交流与碰撞的现状和面临的挑战。在全球化背景下，不同文化之间的交流不可避免，但如何在尊重他者文化的同时，不失去自身文化的特色，是一个需要深思熟虑的问题。

这一事件不仅是一次单纯因时尚引发的争议，更是对文化认同、文化传承和文化尊重的一次思考。在未来，希望能够通过更加平等、开放的文化交流方式，促进各国文化之间的互相理解与尊重，实现文化多样性的共生共荣。

一、马面裙的历史缘起与迪奥品牌的经典廓形

在中国传统服饰中，裙子被视为一个核心产物，例如，在"黄帝、尧、舜垂衣裳而天下治"中，"裳"即为"裙"。其中，马面裙是中国古代女子主要裙装之一，属于汉服的一种形制。"马面"一词最早见于《明宫史》，马面裙在宋代演变为旋裙，其门襟结构是马面裙的雏形，设计初衷是为了方便女性骑行，是一种功能性的"开胯之裙"。

马面裙的名称源自其特殊的设计，即裙身呈马脸状，下摆宽松飘逸，整体呈现出优雅而端庄的气质。这种服饰在中国古代的宫廷文化中有着重要的地位，并在历史的长河中逐渐演变和发展。

最早的马面裙可以追溯到汉代。据史书记载，汉代妇女的服饰多以裙为主，其中一种常见的款式就是类似马面裙的设计。这种裙子在裁剪和设计上十分讲究，通常由优质的丝绸制成，颜色多为鲜艳的红色、翠绿色或深紫色，配以金银丝的刺绣装饰，彰显出穿着者的高贵身份和优雅品位。

随着历史的变迁，马面裙的风格和款式逐渐演变，尤其是在唐代

和宋代。在唐代，马面裙逐渐成为宫廷女性的标志性服饰之一，不仅在宫廷中流行，也在民间得到广泛传播。在宋代，马面裙受到了文人雅士和宫廷贵妇们的喜爱，被视为一种象征着高贵品位和优雅风范的时尚装扮。

随着社会的发展和文化的变迁，马面裙在元代和明清时期也有所改变和发展。在元代，马面裙的款式更加简约，注重舒适和实用，逐渐融入了蒙古族的服饰特色。在明清时期，马面裙更加注重细节和工艺，常常配以精美的刺绣和装饰，成为贵妇们炫耀身份和地位的象征。

到了近现代，尤其是20世纪以来，随着时尚的变迁和服饰文化的多样化发展，马面裙逐渐淡出了人们的视野。作为中国传统文化的一部分，穿着马面裙的传统依然在一些传统节日和重要场合中得到保留与传承，成为中国文化传统的重要象征之一。

相较之下，迪奥品牌于1947年成立后，通过其经典的"New Look"廓形服装开启了新的服装潮流。这一时期的服饰以突出女性线条的"X"型为主，延续了欧洲宫廷的女装传统。服饰款式呈现上小下大的正三角造型，凸显了女性腰身和胸部的自然曲线，裙子长及小腿，细致均匀的打褶不仅凸显女性的柔美，也顺应了当时女性的审美追求，呈现出20世纪上层妇女高贵、典雅的服装风格。

二、中国传统文化的国际传播与中国元素的文化挪用

（一）中国传统文化的国际传播

中国传统文化的国际传播一直是一个备受关注的话题。然而，有时这种传播并非总是被准确地理解和呈现。"马面裙事件"就是一个典型的例子，它被西方误认为其设计灵感来自韩国传统服饰，其实有着更为复杂的背景。

早期韩国的高句丽时代，在贵族墓壁画中描绘的女性着装受到了中国北方游牧民族的影响。此外，明朝为了彰显皇威，频繁向藩国朝鲜赐予各种物品，其中就包括服装。《明史·外国传》中记载："帝嘉其能慕中国礼，赐金印、诰命、冕服、九章、圭玉、珮玉、妃珠翠七翟冠、霞帔、金坠，及经籍彩币表里。"马面裙就是其中之一。朝鲜王

朝为了巩固和维持政权稳定，也乐于接受明朝的赐服，并确立了"袭大明衣冠，禁胡服"的国策。

虽然朝鲜接受了马面裙，但这既不意味着马面裙成为朝鲜的典型服饰，也不意味着朝鲜本土成为马面裙的原创或主流来源。事实上，韩国出土的李氏朝鲜申景裕墓中的服装虽然与马面裙在形式上有相似之处，却并非严格意义上的马面裙。因此，2022年秋冬迪奥在韩国举行发布会并不意味着其灵感来自韩国传统服饰，而可能只是出于商业行为考量，看重当地奢侈品消费市场。

这一事件反映出西方文化对东亚文化的刻板印象。在西方文化语境下，对中国风、日本风、韩国风等东亚元素的混淆是常见的。同时别国的误导与宣传也在一定程度上导致了这种情况的发生。此外，中国传统文化在改革开放以后才真正走向世界，这也是西方民众难以分辨中日韩各自文化传统的一个客观原因。

综上所述，中国传统文化的国际传播是一个复杂而多元的过程，需要充分了解历史和文化背景，以免出现误解和混淆。

（二）中国元素的文化挪用

千年传统的马面裙再次在聚光灯下闪耀，这引发了一个深思：这是一种"挪用"还是"原创"？"文化挪用"这一概念最早由人类学家提出，它描述了第二次世界大战后在田野调查中出现的文化相互借鉴、杂糅、融合的现象。

加拿大哲学家詹姆斯·O.扬在他的著作《文化挪用与艺术》中将文化挪用定义为"某一文化背景的人使用源于其他文化的事物的行为"。他认为，任何一种文化成员对另一种文化产品的使用都应被视为文化挪用。同时，他将艺术中的文化挪用细分为五种类型：物品挪用、内容挪用、风格挪用、主题挪用以及声音挪用。

在这些类型中，挪用的方式和结果可能产生不同的效果。例如，在题材挪用中，完全剽窃他人的题材被视为有害的挪用，不被接受。然而，在内容挪用中，如果挪用促成了艺术作品的阐述，转化了观念和风格，从而产生了珍贵的艺术品，则可能被作者和社会接受。

此外，文化挪用还存在美学和道德两个层面的理解。在道德层面，挪用被解释为强势文化对弱势文化的剽窃，可能会导致文化的多样性受到威胁。弱势文化的元素一旦被挪用，就容易被西方中心主义的话语内容所占据，从而失去其原有的意义。

例如，在2018年古驰品牌的秋季发布会上，锡克教的头巾被用作服饰元素，而对锡克教徒来说，头巾具有极其重要的宗教和文化意义。设计师在使用这一元素时，却忽视了锡克教徒的信仰，从而会导致设计师作品对这一文化的误解和伤害。

在设计领域，类似的挪用现象更为普遍。设计师常常使用其他文化的艺术作品和视觉现象作为设计元素。他们以"灵感版"设计方法来创作，通过将挪来的元素异化、变形、解构、重组来完成设计。然而，在快节奏的时尚圈中，设计师往往无法准确理解每个元素背后的深刻文化含义。

因此，在审视文化挪用时，我们需要同时考虑其的美学和道德层面。艺术家和设计师应该更加谨慎地对待文化挪用，尊重他人的文化，以免造成不必要的文化冲突和伤害。

第四节 从"中国风格"向"中国元素"转化的服装设计

随着时尚界的不断发展，服装设计在表达文化特色方面经历了从"中国风格"到"中国元素"的转变。过去，我们常常看到的是那些将传统元素直接搬到服装上的"中国风"，而如今，设计师们更倾向于以更抽象、更多样的方式融入"中国元素"，创作出富有创意和现代感的时尚作品。

在过去的时光里，中国服装设计被过度地关联"中国风"，这往往表现为其对传统服饰的简单模仿，或者是直接将传统图案、颜色搬到现代服装上。这种方式虽然能够体现出浓厚的中华文化氛围，却显得有些沉闷、呆板，缺乏创新。近年来，设计师们开始意识到"中国元素"不仅局限于传统服饰，还可以是文化符号、历史故事，甚至是对生活态度的抽象表达。

一个突出的例子是以龙、凤、莲花等传统元素为设计灵感的服装，以前可能是直接呈现在服装上的图案，而如今则更多地转化为设计师对这些元素的重新诠释。龙的形状可能会被巧妙地融入服装的剪裁线条中，莲花的花瓣可能成为服装上独特的装饰。这种转变既保留了传统元素的独特韵味，同时也注入了现代时尚的新鲜感。

此外，一些设计师更加注重挖掘中国历史和文化中的瑰宝，将其转化为富有深度和内涵的服装设计。通过引入历史故事、古代诗词等元素，设计师们让服装不仅成为一种外在的装饰，而且成为传达文化内涵和情感的媒介。这种"中国元素"的融入使得服装设计更加有故事感、有思考深度，引领着时尚潮流的新方向。

在这个转变的过程中，服装设计不再仅仅是对传统的简单模仿，而是在传统与现代、东方与西方的碰撞中找到了独特的平衡点。设计师们逐渐摆脱"中国风"的桎梏，将"中国元素"以更有创意性和多样性的方式融入设计中，创作出更加引人注目、独具特色的时尚作品。这一转变不仅丰富了中国服装设计的内涵，也使得中国元素在国际时尚舞台上更加引人瞩目。

在过去的几十年里，中国传统服饰元素常常被用来装点现代服饰，如旗袍、长袖衫等。这种融合既是对传统文化的尊重和传承，也是对现代审美的重新诠释和发展。设计师们通过改变剪裁、选择面料、加入现代元素等方式，将传统服饰元素融入当代服饰设计中，使其更符合现代人的审美需求和生活方式。设计师们开始尝试将中国传统文化与其他文化元素相结合，创作出更具包容性和创新性的作品。例如，将中国的传统绣花工艺与西方的剪裁方式相结合，或是在服装设计中融入其他亚洲国家的传统元素，形成独特的东方风情。

随着新时代中国的发展和民族文化意识的增强，"中国元素"在西方设计语境中变得愈发引人注目。近年来中国原创设计师的崛起带来了希望，他们展现出了对中国文化的坚定自信，在国际舞台上展示了中国风格的独特魅力。因此，我们需要在坚定自信的同时，加强对中国优秀传统文化的理解和传承，形成具有中国特色的设计风格，在国际舞台上塑造新的设计形象。

我们需要融合中西方文化，完善当代服装设计产业路径。中国市场已成为国际时尚产业最重要和最具发展前景的消费市场，吸引了西方设计师的目光。我们必须要对西方设计师对中国元素的直接"挪用"行为加以警惕，为了确保中国服装设计产业的独立性和发展，我们应该从用户需求出发，深入分析中国服装市场的需求，同时结合西方立体裁剪的技术基础，加强对中国传统服饰制作方法的学习，形成符合中国审美、技术和文化内涵的独特设计风格。

中国服饰设计的创新之路还在继续，未来的发展充满了无限的可能。随着全球化进程的加速和文化交流的深入，中国服饰设计将更加开放包容，吸纳更多元的文化元素，不断推陈出新，更自信地走向世界舞台。

第五节　国内外设计师对中国元素应用的现状与前景展望

一、国内服装设计师的"中国元素"设计现状

（一）国内服装设计师的设计环境

中国的服装行业起步较晚，改革开放标志着当代服装业的起步。当时，从业人员普遍缺乏高层次的知识结构，行业规模发展相对滞后，使得我国的服装业起步异常艰难。改革开放前期，人们从"一无所有"的状态中解脱出来，对非传统颜色的服装需求急剧增加，导致当时的服装消费市场呈现出一种"饥饿型"的模式。然而，由于审美和消费理念的不成熟，盲目模仿西式服装的现象蔓延。

随着新世纪的到来，中国服装行业面临前所未有的机遇。中国正在从"中国制造"转变为"中国创作"，努力成为创意大国，为服装设计师提供了更好的设计环境。著名设计师马可、郭培、劳伦斯·许等参加国际时装周，这些都表明国际时尚界对中国设计师的关注度不断上升。市场开始接纳本土设计师的品牌，这成为本土设计师成长的关键推动力。

在消费者层面上，信息的发达使得审美趋向多样化。消费者对品牌类型和设计风格的接受范围扩大，为设计师发挥个性提供了更多条件。

　　尽管环境为国内设计师提供了很多的发展机会，但客观事实表明，他们仍面临着挑战。虽然消费者开始接受本土品牌，但其对中国本土服装设计师及其品牌的了解仍然有限。尽管中国已经成为全球服装产业链不可或缺的一部分，但国内仍然以加工为主，设计方面相对薄弱，需要更多地向国外设计师学习。在中国的服装设计行业蓬勃发展的同时，国内设计师仍需不断努力克服挑战，提升设计水平，给世界展示更多独具特色的中国时尚作品。

（二）国内服装设计师的"中国元素"设计

　　中国服装设计师在"中国元素"服装设计方面拥有显著优势，与国外设计师相比，这一优势体现在对中国传统服饰文化的多渠道接触和深刻理解上。由于中国历史上封建王朝更迭频繁，每个朝代都有其独特的文化背景，因此形成了不同朝代服饰的特点与内涵。对中国服装设计师来说，对传统服饰的内涵进行深入把握有利于他们更加游刃有余地运用中国元素。

　　中国的传统服饰文化源远流长，融合了丰富的历史、地域特征和民族文化。中国传统服饰包括汉服、唐装、清装等，每种服饰都反映了当时的社会阶层、审美观念以及文化传承。中国服装设计师通过研究历史文献、考古发掘、博物馆藏品等多种途径，能够深入了解这些传统服饰的设计理念、面料工艺以及图案纹饰，从而将这些元素融入现代的服装设计中。

　　此外，中国的传统节日、民间习俗、文学艺术等也为中国服装设计师提供了丰富的灵感。例如，春节、端午节、中秋节等传统节日所蕴含的文化内涵，民间故事、神话传说中的人物形象，以及中国古典文学名著中的意象和情节，都可以成为中国服装设计师创作的重要素材。

　　在国内服装设计师的"中国元素"设计作品中，常常可以看到对传统服饰元素巧妙运用的例子。有的设计师将汉服的交领、袖口等细节融入现代服装中，赋予服装独特的东方韵味；有的设计师以中国古代的绘画、书法作品为灵感，将传统的山水、花鸟等图案融入服装设计中，展现了中国文化的独特魅力。

二、国外服装设计师的"中国元素"设计现状

自20世纪初法国服装设计师保罗·波烈（Paul Poiret）开始借鉴东方元素，西方服装设计师就持续不断地从其他民族的优秀文化元素中汲取灵感，以丰富自己的设计风格。20世纪是西方服装发展的重要时期，在这100年间，西方服装经历了从古典到现代的转变，而中国传统服饰的宽松裁剪和丰富的细节设计给了西方设计师无数启发。

20世纪初，保罗·波烈成为引领潮流的设计师之一，他将东方元素引入了西方时尚界，他的作品中充满了东方的华丽色彩和宽松的剪裁，这些元素不仅带来了全新的时尚氛围，也开启了西方设计师对东方文化的深入探索。

从那时起，西方设计师开始不断地从中国传统服饰中汲取灵感。中国传统服饰的特点之一是宽衣博带的设计，这种风格给了设计师们大胆创新的空间。他们将这种宽松的设计融入自己的作品中，设计出了许多充满东方韵味的时装。

随着时间的推移，这种跨文化的设计交流变得更加频繁和深入。西方设计师们不仅受到中国传统服饰的启发，还从日本、印度、非洲等地的民族服饰中汲取灵感，将各种元素巧妙地融入自己的设计中，形成了独特的时尚风格。

西方服装设计师从中国传统服饰中获得的启发不仅停留在服装的外观上，而是更多地体现在设计理念和文化内涵上。他们通过借鉴东方文化元素，不仅提高了自己的设计水平，也拓展了时装设计的思路和创作空间。这种跨文化的设计交流不仅丰富了时装界的多样性，也促进了世界各国文化的交流与融合，为时尚界带来了更加丰富和多元的面貌。

（一）局部点缀法

中国服装设计在传统与现代、东方与西方的碰撞中，一度陷入了固定的设计模式，难以打破既定的框架。设计师们常常在作品中过度追求表达丰富的中国元素，却因此失去了设计的灵活性与时尚感。与此形成鲜明对比的是，国外服装设计师在运用"中国元素"时，却展

现出一种别样的智慧，巧妙地将中国元素点缀于其作品之中，为观赏者带来焕然一新的感受。

中国服装设计师面临的问题之一是其过于拘泥于传统，难以摆脱设计中的固定模式。在他们的作品中，过多的中国元素堆砌反而导致效果不佳，失去了时尚的灵性。然而，反观国外服装设计师，他们对中国元素的运用更加巧妙。或许是因为他们对中国元素的理解只是皮毛，但正是这种略显局限的视角，使得他们能够巧妙地在设计中点缀中国元素，起到画龙点睛的效果。

以法国设计师让·保罗·戈尔蒂埃（Jean Paul Gaultier）为例，他在2001年秋冬系列中运用了旗袍的立领元素，将其与短上衣和高开衩的长裙巧妙结合，整套服装中唯一的中国元素——立领为整体设计增色不少，给人一种新鲜亮眼的感觉。意大利奢侈品牌普拉达（Prada）在2003年春季以旗袍立领和斜开襟搭配形成的设计中，展现了设计师对中国元素的独特理解。迪奥品牌（Dior）在2009年巴黎时装周上发布的高级定制系列，仅在上衣或裙摆位置点缀青花瓷刺绣，服装的款式仍然保持了完全西方的大裙摆礼服。意大利奢侈品牌阿玛尼（Armani）在2009年发布的服装中，则用犹如中国结的红色长穗和盘扣点缀了经典的西服套装。在这些案例中，设计师们以独特而点睛的方式，将中国元素嵌入作品中，收到了令人意想不到的效果。

这些国外设计师不同寻常的运用方式颠覆了传统的中国元素使用模式，使得传统元素焕发出更多时尚的光彩。他们并非简单地模仿或堆砌，而是通过点缀的方式，让中国元素更富有层次感和现代感。在国外服装设计师的巧手下，中国元素不再仅仅是传统的代表，而是为国际时尚舞台带来了更加丰富多彩的元素。这一新的趋势不仅让观赏者感受到不同寻常的视觉冲击，也为中国服装设计师带来了更广阔的创作空间，让中国元素在时尚的征途中焕发新生。

（二）解构法

解构在服装设计中的运用是一个不断打破旧结构并重新组合成新结构的过程。这一概念的核心在于挑战传统的设计模式，引领观众进入一场审美的变革之旅。尤其在融合中国元素的设计中，解构的趋势更为明显。

　　传统的中国服饰，如旗袍和官服，有着深厚的历史背景和独特的文化符号。然而，在现代社会中，设计师们开始将这些传统元素进行拆分、重组，以创作出全新的时尚语言。这种创新的精神不仅展示出设计师的大胆与创意，也给观众带来了全新的视觉体验。

　　解构不仅是一种设计手法，更是一种思维方式的转变。它挑战着传统的设计模式，引导着设计师们超越自我限制，创作出颠覆性的作品。通过解构，服装设计师们能够在创作中展现出自己的个性与独创性，为时尚界注入新的活力与创意。因此，解构在中国元素的服装设计中扮演着重要的角色，不仅为传统文化赋予了全新的时尚内涵，也为时尚界的发展带来了无限的可能性。

（三）夸张法

　　中国的传统文化以内敛、含蓄而著称，这也影响了中国服装设计师的创作风格，使得他们的作品通常较为低调、严谨。然而，在服装设计中，适度的夸张却能赋予服装更强烈的视觉冲击力，成为一种审美尺度。一些国际知名设计师如亚历山大·麦昆（Alexander McQueen）和约翰·加利亚诺（John Galliano）等，在其作品中巧妙地运用夸张元素，为传统服饰注入了现代时尚的气息。

　　国内服装设计师可以从国外设计师的创作方法中汲取灵感，这背后蕴含着不同的设计思维。意大利奢侈品牌阿玛尼的创始人乔治·阿玛尼（Giorgio Armani）曾指出，将传统元素融入现代设计是一种聪明的做法。他强调，重要的不是模仿他人的设计，而是理解其背后的思维方式。国外设计师的作品中常见的"中国元素"设计并非对中国文化狭隘、片面的模仿，而是反映了他们对中国文化的深刻理解和灵活运用。相比之下，国内设计师往往局限在传统文化的范畴内，较少借鉴其他民族文化。

　　随着全球交流的深入，各种文化正在相互交融。因此，中国服装设计师应以更加包容的心态对待设计，积极借鉴其他文化，用世界语言表达中国元素。传统文化固然宝贵，但其形式已不适应现代社会的需求，因此需要以新的形式进行传承和创新。优秀的设计不仅是一种审美享受，更是传播文化的有效途径。因此，借鉴其他民族文化，让设计更加完美，受众更广，将有助于实现传统服饰的再创作。在这个

过程中，中国服装设计师有望以更加开放的姿态走向世界舞台，充分
展现中国传统文化的魅力。

第六节　当代中国元素在服装设计中日常化趋势的分析

一、服装设计从博物馆走向日常生活

在当代社会，服装设计正逐渐从博物馆的陈列柜中解放出来，融
入人们的日常生活中。这一趋势首先体现在服装设计不再仅仅是为了
保存濒临失传的民族工艺。过去，许多民族工艺，如中国的缂丝和云
锦，被认为是皇家和贵族的专属。如今，在一些工艺大师和设计师的
努力下，这些工艺得以传承并应用于当代服装设计中。

中国的缂丝工艺被誉为"织中之圣"，是丝绸工艺的最高巅峰技
艺。然而，这一工艺在现代面临失传的危险。许多工艺大师被博物馆
和研究机构邀请去复制历代的缂丝产品，如服饰、缂制书画等。通过
一些民间艺人和服装设计师的共同努力，这些工艺不再停留于博物馆
的展示层面，而是回归到市场，融入民众的生活中，通过国际交流，
让世界了解中国民族工艺的智慧。

随着现代社会生活方式的改变和文化习俗的淡化，许多过去寻常
可见的年节图画、民间美术、民间工艺逐渐消失。通过服装设计，这
些传统文化元素得以保留和传承。例如，年画产地的旅游景点推出的
年画文化衫、剪纸时装等产品，让人们在日常生活中重温往日的生活
印记和文化记忆。

二、服装设计从展示性到实穿性的发展

过去，运用本土文化元素的服装设计更多的是为了在重大节庆或
特定主题文化节中展示而定制的。这些设计虽然在外观上令人惊叹，
但更多的只是追求展示的价值，缺乏实际穿着的意义，限制了设计的
普适性。另外，一些运用本土文化元素的服装设计常常以高端定制为

主导，由于材料考究、工艺复杂以及费时费工，这些服装往往成为奢侈品，只有少数人能够拥有。

从高端到大众，从仅展示到强调实穿的演变，标志着本土文化元素在服装设计中的新发展阶段。设计师们通过创新的手法，将传统元素与现代时尚相融合，使服装不仅具有文化底蕴，同时也迎合了更广泛的受众需求。这一趋势预示着未来本土文化在时尚领域将有更大影响力。

三、服装设计从高端定制到普通家常

过去，由于对本民族文化的不自信，中国服装设计师更多地效仿西方文化元素，因此自觉运用本土文化元素的服装设计师不多。那些运用本土文化元素的设计师往往专注于打造服饰精品，走高端定制路线，如张志峰的"东北虎"、郭培的"玫瑰坊"等。这些设计虽然在外观上独具特色，却常常只能被少数人所拥有。

随着设计师素质的提高和对本土文化传统的认可，运用本土文化元素的设计师逐渐增多。许多服饰品牌开始结合多元的市场需求，打造普通人都可以穿得起的中国文化元素服装。其中，"桐人唐""亿唐"等品牌是典型代表。

2014年，80后时尚创业家刘亚桐的"桐人唐"品牌推出了一款青花瓷T恤，迅速风靡整个时尚圈。这款T恤不仅穿在了众多明星和名流身上，因此带来的话题还在社交网络上引起了热烈讨论。"桐人唐"品牌以惊人的速度登陆了中国主流电商平台和时尚分销渠道，月营业额增长率高达50%，成为商界传奇。"桐人唐"的成功不仅是服装设计的成功，更是将中国文化元素深入日常生活的成功。

青花瓷系列成功的背后，是设计师刘亚桐的初衷：让更多80后、90后通过穿着接触到中国文化，让中国元素在年轻人心中升温并成为一种潮流，既从中找到自信，同时也激发年轻人在穿衣搭配上的更多可能性与创意。

这一趋势的发展标志着服装设计中本土文化元素的普及化和民族化。设计师们不再仅仅局限于高端定制市场，而是努力将中国传统文化普及至更广泛的人群中，使之成为其日常生活的一部分。这种转变不仅丰富了服装设计的内涵，也促进了中国文化的传承与发展。

四、服装设计从刻意强调、显著突出文化元素到轻描淡写、不露痕迹运用文化元素

过去，无论是国内还是国外的服装设计师，对中国文化元素的运用往往显得刻意强调，以至于堆砌、显著地突出。简单地复制中国红、牡丹花、中国龙等显而易见的本土文化元素是常见的做法，设计师们似乎担心人们无法察觉，因此努力使这些元素尽可能显眼。

随着设计师们对中国文化的深入了解以及对服装设计规律的掌握，他们对文化元素的运用逐渐转向了"轻描淡写""不露痕迹"，开始注重内在精神与文化精髓的契合，而非简单地在外观上呈现。

这种转变不仅体现了设计师们对中国文化的尊重与理解，也促进了服装设计的创新与发展。通过轻盈而不张扬的方式运用文化元素，设计师们成功地将传统与现代、东方与西方进行了巧妙的融合，为服装设计注入了更加丰富的内涵和情感。

五、服装设计从复古、怀旧的精英趣味转向多元、活泼、生动的生活趣味

过去，服装设计师们对中国传统文化元素的运用更多地体现出对中华文化精髓的虔诚和敬仰，往往表现为古典主义的繁复呈现。这种设计的载体通常是费时、费料、费力的高端礼服，散发着强烈的精英性、高贵性和庄重性。然而，随着年轻一代服装设计师的崛起，时尚界经历了一场文化趣味的转变，从复古、怀旧的精英趣味转向更加多元、活泼、生动的生活趣味。

现代服装设计师不再局限于传统的古典主义表达方式，而是更加注重文化趣味和生活情趣的融入。一个典型的例子是留学英国的设计师刘清扬，她将在国际多元文化环境中成长的现代中国人对时尚文化生活的各种趣味融入设计中。这种富有趣味的多元文化设计满足了处于中外文化冲击和交融中的中国年轻人的多元观感与审美需求，因此她的作品在国内年轻明星中大受欢迎。

设计师谭燕玉则通过将美国前总统奥巴马等领导人的头像运用于服装设计中，展现了文化反讽的意味。这种大胆的设计不仅打破了以

往对领导人形象的传统认知，更表达出一种对历史和权力的戏谑态度。这种文化反讽的设计使服装不仅具有时尚的外表，也会带来设计者对社会和历史的深刻思考。

这个时尚文化转变使得服装设计成为一个更具创意和表达力的领域。设计师们不再被束缚于传统的审美框架中，而是通过融合多元文化、引入文化趣味，为时尚界注入更加丰富、生动的活力。这个新时代的服装设计，既是对传统的致敬，也是对未来的勇敢探索。

第七节　中国元素在服装设计教育中的应用价值

一、中国元素在服装设计中的应用价值

中国元素，作为相对国外元素的一个独特概念，承载着中国传统文化的独有标识，包含传统与现代两个方面。这一概念极为广泛，凡具备中国文化特征的事物皆属于中国元素，包括有形的字画、刺绣、剪纸、中国结、盘扣、蜡染等，以及无形的风俗习惯、宗教信仰、"天人合一"的理念等。然而，无形的中国元素需要有形的事物来表达，因此，在服装设计中如何巧妙地呈现中国元素成为当前广受设计师关注的焦点。

从传统的刺绣、织物到古代的服饰结构和图案，中国传统文化为现代服装设计提供了丰富的灵感和资源。在全球化的背景下，充分挖掘和运用中国元素不仅可以增加服装设计的独特性，还能够促进中国文化的传播和发展。

中国自古以来就有着悠久的服饰文化，不同地域、不同历史时期的服饰都有其独特的特点。将中国元素融入现代服装设计中，不仅有助于传承和弘扬传统文化，而且能够唤起人们的民族归属感和自豪感。通过穿着具有中国元素的服装，人们可以表达对传统文化的尊重和热爱。

在竞争激烈的时尚市场中，独特性是各大品牌的追求之一。将中国元素运用在服装设计中，可以使设计作品与众不同，凸显品牌的独

特性和个性化。例如，中国传统的刺绣、织物纹理以及吉祥图案等元素，都能够给服装设计带来独特的魅力，提升品牌的形象和吸引力。

随着中国经济的崛起和国际地位的提升，越来越多的外国人对中国文化产生了浓厚的兴趣。将中国元素融入服装设计中，不仅可以满足国内消费者对传统文化的追求，而且能够吸引国外消费者的关注。通过将带有中国元素的服装销往国外，可以增进不同国家和地区人们之间的友谊与相互理解，促进文化的多元共享与交流。

中国传统文化强调"天人合一"、尊重自然的理念，这与当代的环保理念是一致的。在服装设计中运用中国元素，可以倡导可持续发展和环保理念，推动服装产业向更加环保、更加可持续的方向发展。例如，通过选择天然面料、采用传统的手工工艺等方式，可以减少对环境的影响，促进文化与自然的和谐共生。

二、当前我国服装设计教学中存在的问题

（一）偏重专业技能

要改变偏重专业技能这一状况，教育机构就应该从教学模式、课程设置以及教师培训等多个方面入手。首先，需要调整服装教学模式，实现专业技能与文化素养的有机结合。在课程设置上，要引入丰富多样的文化课程，激发学生对文化知识的兴趣。其次，加强师资队伍建设，培养一批既擅长专业技能教学又关心学生文化素养的教师。

这些改革可以打破学生对文化课程的偏见，使其认识到文化素养对整体职业素养的重要性。同时，教育机构也应该加强与行业的沟通，确保课程设置符合实际职业需求，从而更好地培养出适应现代社会要求的服装设计专业人才。只有在专业技能与文化素养的双重培养下，学生才能更全面地发展自己，更好地服务行业与社会。

（二）不重视传统文化

当前的实际情况是，许多学校对在服装设计教学中应用中国元素

并不重视。很多服装设计专业并未设置中国传统文化课程，学生无法获得系统全面的传统文化教育。即使在教学过程中，教师也只是浅尝辄止地涉及传统文化，而非深入探讨。这种现象导致学生在服装设计学习中难以有效地运用中国元素，从而制约了他们设计水平的提高。

要改变这一状况，学校和教育机构就要从根本上调整服装设计教学的方向。首先，应该完善课程设置，增设中国传统文化课程，使学生能够系统地学习传统文化知识。其次，教师应接受相关培训，增进他们对传统文化的了解，提高他们的教学水平，以便能够更好地引导学生运用中国元素进行创作。

通过这些努力，可以有效地促进学生对传统文化的理解，从而提高他们的设计水平，培养出更具创意和竞争力的服装设计人才，满足社会对专业人才的需求。

三、中国元素在服装设计教学中的应用

（一）激发学生对传统文化的兴趣

在培养学生对传统文化的兴趣方面，融入中国元素成为重要的途径。通过在服装设计教学中引入传统文化教育，可以有效提升我国设计人员的服装设计水平，同时有助于传承和发扬中国传统文化，有助于培养学生的民族自豪感。

一个具体的做法是，教师在授课时可以身着传统服装，将传统文化元素融入教学中，通过生动的展示激发学生的兴趣。学生在看到教师身着传统服饰时，将深刻领悟到中国传统服饰不仅代表了对历史的尊重，也可以体现出中国人的民族自豪感。这不仅为学生提供了直观的学习体验，也为教师开展服装设计教学奠定了基础。

因此，将中国元素融入服装设计教学，不仅可以拓宽学生的设计思路，提高其设计水平，还有助于传承和弘扬中华传统文化，为学生培养民族自豪感打下坚实的基础。这样的教学模式将在培养更具创意和文化底蕴的设计人才方面发挥积极作用。

（二）适当增加中国传统文化课程

　　在当前的中国服装设计教学中，缺乏对中国传统文化深入了解和应用的相关课程。这一状况导致学生在面对涉及中国元素的服装设计作品时，往往无法真正领会其中蕴含的文化内涵。因此，有必要在服装设计教学中适当增加中国传统文化课程，以促进学生对传统文化的认知和理解，从而提升他们的设计水平。

　　一种可行的做法是引入传统文化选修课程，包括儒家、道家、少数民族、民间艺术、宗教文化等内容。这样的选修课程可以让学生根据个人兴趣自由选择，并在其中深入学习与之相关的传统文化知识。通过这种方式，学生将有机会接触到丰富多彩的中国传统文化，从而获得更多的设计灵感和创意。

　　另一种做法是将课内与课外相结合，教师在课堂上讲解传统文化知识，同时要求学生在课外根据个人爱好选择中国元素进行设计。这种方式可以让学生在实际操作中更好地接受传统文化的熏陶，同时锻炼其设计能力和创作能力。

　　增加中国传统文化课程可以为学生提供更广阔的视野和更深厚的文化底蕴，从而丰富其设计理念和创作思路。同时，这也有助于培养学生对传统文化的尊重和传承意识，为中国服装设计行业的发展注入新的活力和带来新的创意。因此，在未来的服装设计教学中，适当增加中国传统文化课程将是非常有益的举措，有助于提升学生的综合素质和竞争力。

（三）加强中国元素服装设计实训

　　加强中国元素服装设计实训对培养优秀的服装设计师非常重要，这不仅有助于提升设计师的文化素养和审美水平，还与提高其服装设计操作技术密切相关。一个出色的服装设计师必须在设计理论知识、手工技艺以及对中国元素的运用上具备高超的能力。

　　加强中国元素服装设计实训的首要任务之一是加强传统文化教育。学生应该深入了解中国传统服饰的历史渊源、风格特点以及创作理念。通过学习传统的刺绣、织造、图案等工艺技术，学生可以更好地理解和运用中国元素。

在实训过程中，教师要鼓励并引导学生去挖掘传统文化中的设计灵感，并将其与现代时尚相融合。在实践过程中，学生可以通过参观博物馆、民俗村落等地，深入了解传统服饰的设计构造和文化内涵，来激发其设计创新能力。

除了理论教育，技术实践同样非常重要。学生应该通过手工制作和电脑辅助设计等方式，将所学的中国元素运用到实际的服装设计中。在实践中，他们将学会如何选择合适的面料、进行剪裁缝制以及运用特殊工艺，使设计作品更具中国元素的特色和魅力。

加强中国元素服装设计实训需要跨学科的合作。除了服装设计专业的知识，学生还应该了解中国文化、艺术史等相关知识。因此，学校可以组织跨学科的合作项目，将文化、艺术、历史等学科的教学资源进行整合，为学生提供更加全面的学习体验。

此外，加强中国元素服装设计实训需要鼓励学生进行作品展示与交流。学校可以组织服装设计作品展览、时装秀等活动，让学生有机会展示自己的设计成果，并与其他同学进行交流与分享。这不仅有助于激发学生的创作热情，也有助于促进中国元素服装设计的推广和发展。

（四）鼓励学生参与服装设计大赛

教师可以鼓励学生积极参与各类服装设计比赛，并根据实际比赛情况提供具体的指导，特别是中国元素应用方面的指导。例如，教导学生如何对中国传统服饰的形式、色彩、面料等进行提炼和再创作，以及如何理解和展现中国传统服饰内涵中的内敛、包容、谦和等特点。

对那些生硬添加中国元素的设计作品，教师可以引导学生对其进行分析，找出设计上的不足，并尝试提出改进方案，以培养学生对中国元素的敏感度和合理运用的能力。

只有通过这样的教学方法，学生才可以更好地理解和运用中国元素，创作出更具有创意和文化内涵的服装设计作品，为中国传统文化在现代服装设计中的传承和发展贡献力量。

第二章

中国元素在历代传统服饰设计中的取古与赋新

在中国传统服饰设计中，取古与赋新是一种重要的设计理念。设计师们从中国丰富的历史文化中汲取灵感，将古代元素巧妙融入现代服饰设计中，创作出独具特色的时尚作品。通过诠释和演绎，中国元素不仅可以在服饰设计中焕发出崭新的生机与展现出不同的魅力，同时也可以展现出服饰设计对中国文化的尊重和传承。

第一节　秦汉时期的传统服饰设计——肃穆端庄

一、秦汉时期的服饰款式

（一）袍服

作为中国传统的服饰之一，袍服承载着悠久的历史和丰富的文化内涵。袍，是一种宽大而长袖的衣物，是中式传统服饰的代表之一。在中国历史上，袍服一直以其独特的设计和意义深厚的文化内涵为人们所喜爱。

袍的历史最早可以追溯到战国时期，当时袍还是一种用于战争的制服。随着历史的发展，袍逐渐演变为正式场合的礼服。在汉代，袍已经成为贵族、官员和文人士大夫的常见着装。

袍的设计通常以宽大、长袖为主，强调舒适度和端庄性。袍的长度虽然在不同历史时期有所变化，但总体上保持庄重的风格。袍的领口和袖口常常装饰有图案，如云纹、龙纹等，这些装饰既有美感，也蕴含着深刻的文化内涵。

在秦汉时期，男子服装以袍为主，袍服成为古代汉族服装的鲜明标志。据《中华古今注》记载："袍者，自有虞氏即有之。"秦始皇统一天下后，规定三品以上官员着绿袍、深衣，而庶人则着白色袍服，均采用绢布制成。这种服饰风格贯穿了秦汉四百年的历史，在这一时期，袍一直是礼服中的主打款式，以宽大的长袖为主，袖口采用紧缩的"祛"设计或全袖的"袂"样式，形成了"张袂成阴"的独特风格。

袍的领口和袖口通常点缀着夔纹或方格纹等装饰，衣襟的斜领低垂，露出内层的衣领。袍的下摆常常被花饰边缘点缀，有时还会附上紧密裥细带。根据下摆的形状，袍可以分为曲裾和直裾两种，曲裾呈曲线状，而直裾则为直线形。

袍服下面一般穿着裤子，早期裤子没有裆部，类似于现代的套裤，后来不仅发展出有裆部的"裈"裤，还有合裆短裤的样式，称为"犊鼻裈"。内穿合裆裤后，长袍的深衣部分显得多余，因此直裾袍的穿着变得更为普遍。

此外，还有一种名为禅衣的服饰，适用于日常休闲和居家穿着。禅衣与袍的款式相似，上下联结，没有衬里，可理解为穿在袍里或夏天居家穿的衬衣。

普通男子多穿着大襟短衣和长裤，袖子略窄，衣长稍短，裤脚通常被卷起或用腿带扎紧，以便日常劳作。夏天，他们可以光着上身，下着合裆短裤。汉墓壁画和画像砖经常呈现这类服饰，通常是体力劳动者或参与乐舞百戏之人所穿，有时还会外罩一件短袍，这些都是劳动人民的常见服装。这些丰富多彩的服饰展示了秦汉时期男子服饰的多样性和深厚的历史底蕴。

（二）头衣

头衣的类型繁多，常见的有冠冕、头巾、头绳等。冠冕是古代君王和贵族常戴的头饰，象征着权威和尊贵的身份。头巾是一种常见的民间服饰，多用于日常生活和劳动中。头绳则是一种简单而实用的头饰，多用于固定发髻或束发。

头衣的设计特点多样，既有华丽精致的装饰，也有简洁朴素的款式。在材质上，常见的有丝绸、绸缎、棉布等，而在装饰上则常常使用刺绣、珠片、丝线等工艺，以增加其美观度和艺术性。

头衣在中国传统文化中具有重要的地位和意义。它不仅是一种服饰，也是中国古代社会等级制度和礼仪规范的象征。不同类型的头衣代表着不同的社会地位和身份，反映了古代社会的等级观念和礼仪文化。同时，头衣也承载着人们对美好生活和文化传统的向往与追求，是中国传统文化的重要组成部分之一。

在东汉时期，一种被称为"平巾帻"的头饰风靡一时。平巾帻是一种头箍，围绕头部加上内衬，然后向脑后开出一个豁口，使得整个头饰形似抱翅，顶部隆起呈屋顶状。据《东汉会要》卷十记载："帻者，赜也，头首严赜也。至孝文乃高颜题，续之为耳，崇其巾为屋，合后施收，上下群臣贵贱皆服之。文者长耳，武者短耳，称其冠也。"

由此可见，"帻"就是"赜"，"赜"的本意是幽深难见、精微玄妙，所以"帻"的意思就是严密保护头发。到孝文皇帝时期，这种头巾开始演变，顶部高耸，形成屋檐状，后部向下收拢，上下两端则略微外翘。此款头饰被官员、文人、武士等所穿戴。

文人与武士所戴的平巾帻略有差异，武吏通常戴着赤色的帻以显示其威严。在河北望都出土的汉墓壁画中，兵卒皆佩戴赤色的帻，与史书所记载的相符。

在平巾帻上，人们会搭配一种称为"梁冠"的铁冠。梁冠是文吏们的标志，流行至西晋时期。在多处出土的汉代墓葬中，都可以看到头戴梁冠的文吏形象。

除了梁冠，还有一种被称为"漆纚纱冠"的头饰，由薄纱涂漆制成，呈平圆形顶，两侧有搭耳的冠。这种冠在汉代时期颇受官员青睐，一直流行至宋明时期。同时漆纚纱冠的实物也在一些墓葬中被发现，其形制基本与绘画资料相符。

值得一提的是，平民阶层在秦汉时期也有自己的头饰，被称为"巾"。根据《释名·释首饰》的记载，二十岁成人便可佩戴巾，而庶人、奴仆则被称为"黔首"或"苍头"，其巾多为灰黑色。在汉代的画塑作品中，虽然裹巾的男子并不多见，但一些不拘礼法的文人却偏爱戴巾，这种风气一直延续至东汉末年，王公贵族也纷纷效仿。

最后，在讨论头饰的时候，不得不提及一种被称为"笠帽"的头饰。这种帽子在宋明时期达到了顶峰，其由竹、草编制而成，具有遮阳、挡雨、挡雪的实用功能，因而深受广大劳动者的喜爱，甚至得到贵族妇女的青睐。

（三）足履

在秦汉时期，足履的制作展现出了多样化和丰富多彩的风貌，不仅工艺精美，在材质和形式上也呈现出多样性。这个时代的足履种类繁多，包括平头履、平圆头履以及翘头履等多种式样。

秦代的平头履是一种比较方正的军鞋，其鞋头平齐，缝制简单，没有过多的装饰，整体呈船形。在秦始皇陵兵马俑的足部，可以清晰地看到这种鞋的样式。在江苏徐州西汉楚王陵、洛阳汉墓等地的出土文物中，同样可以发现这类方正的军鞋，这表明它们应是当时武卫和兵士的标准配备。

平圆头的履是秦汉时期的一种足履，呈现出包裹状，看上去较厚实，可能是专为冬季设计的棉鞋。在新疆罗布泊楼兰遗址出土的一只圆头锦履更是展现出其精致而秀气的特点，长宽比例得当，是当时织造工艺的杰出代表。

翘头履在汉代开始流行，通过湖南长沙马王堆的汉墓出土的女鞋就可见一斑。这种鞋的鞋头微微翘起，中间呈弧形下凹，两端分歧为双角状，或称歧头履。另外，湖北江陵凤凰山西汉墓中也出土过一种翘头履，鞋头高高翘起呈圆形钩头，展现出时代特色和个性。

秦汉时期的袜子通常是由熟皮和布帛制成的，富贵人家甚至会穿丝质袜子，精致的袜子则由绢纱制成，并绣有花纹。湖南长沙马王堆出土的女袜就用素绢制成，双层结构，袜带多为素纱所制，制作工艺相当高超。同时袜子的多样性也在锦袜、绫袜、绒袜、毡袜等不同类型中得以体现。

（四）襦裙

襦裙是上襦下裙。襦通常是短衣，领口和袖口可以有各种不同的设计，如交领、圆领或立领等。裙子则是宽大而长的，一般裙摆呈 A 字型，下摆横向宽松，使穿着者能够自由行走。襦裙的裙摆和颜色通常会因社会地位、季节、活动或时代而有所不同。

在秦汉时期，妇女的服饰不仅是日常生活的一部分，更承载着古代仪式与文化传统精髓。特别是在正式的礼仪场合，妇女的穿着以深色为主，体现了一种庄重与典雅的气质。据《后汉书》记载，贵妇"入庙服""皆深衣制"，这表明了当时人们对服饰色彩的偏好。

汉代的裙子常以四幅素绢拼接而成，上窄下宽，裙腰则使用绢条，两端缝有系带。与现代的裙子相比，汉代的裙子更加朴素，一般不施边缘装饰，体现了一种简约而雅致的美感。此外，衣襟角处缝制一根绸带用于系在腰部或臀部，不仅起到装饰作用，还能突出腰身线条，使整体造型更加优美。

关于秦汉时期妇女服饰的研究，长沙马王堆汉墓中女主人的帛画形象提供了非常可靠的资料。这些帛画反映了当时妇女的着装风格与审美趣味，为我们了解古代服饰文化提供了珍贵的线索。

二、秦汉时期的服饰图案

与战国时期的着装风格相比，秦汉时期的服饰呈现出更为大气、明快、简练、多变的特色。这一时期对纹样的追求更加突出，以流动起伏的波弧线构成骨骼，注重表达动势和力量。

在服饰图案的装饰上，秦汉时期的服饰表现出不拘一格的倾向，大胆运用流动的线条任意延伸，加粗转折处线条，强调动态线，使纹样形象更为丰富。特别引人注目的是云纹、鸟纹、龙凤纹等大量纹样的涌现，充满着浓郁的神话色彩。云纹纹样以自由式的表达为主，与动物纹样巧妙结合，形成独特而富有创意的艺术构思。

从服饰纹样的色彩运用上来看，汉代强调对比，注重明快艳丽的表达，体现了一种视觉上的冲击力。服饰在这一时期不仅是身份的象征，更是审美的表达。在统治阶层服饰纹样造型的选择上，龙、凤的寓意得到了突出，这不仅体现了汉代服饰对神话元素的追求，更表达了对统治阶层权力的推崇。

汉代服饰纹样的选择强调线条的流动和表达。常见的纹样样式中，大几何形的骨架中用钩织各种动物的模样，呈现出一种独特的气势。有时骨架成对称折叠纹状，有时呈菱形，通过折叠型几何骨架填入各种鸟兽形象，展现了一种流动的生气。即使一些图案未勾勒出外在的骨架，也会以隐形的骨架布局，使其整体纹样看似繁复，而实际上蕴含着内在的规律。这种线条的流动方式，使得纹样不仅是简单组合，更是气的凝聚。

在汉代服饰纹样中，云气纹的流行不仅体现了人们对自然美的追求，更是一种对元气和生命力的感知。通过服饰上的云气纹，人们以线条的方式表达出其对生命的敬畏和对气的理解。这种独特的审美，不仅限于对形式的追求，更深刻地触及着人们内心深处的感性认知。因此，汉代服饰纹样的选择呈现出一幅幅生动的画卷，将云气之美融入服饰之中，为后世留下了独特的艺术遗产。

秦汉时期是中国历史上重要的时期，服饰在这个时期有着独特的风格和特点。秦汉时期的服饰图案主要表现在衣服、头饰和鞋袜等方面，反映了当时社会的审美观念和文化特征。

在秦汉时期，服饰图案主要分为以下几类：

几何图案：秦汉时期的服饰图案大多简洁明了，几何图案是其中一种常见的设计。这些几何图案可以是直线、波浪线、方格等，简单而规整，体现了当时人们对对称美的追求。

动植物纹样：服饰上常常出现一些简化的动植物图案，如鸟、兽、花卉等。这些图案通常具有象征意义，如鸟代表吉祥、兽代表力量等，反映了当时人们对自然的崇拜。

神话传说图案：秦汉时期的服饰图案中还常常出现一些神话传说中的人物或故事，如龙、凤、神仙等。这些图案不仅具有装饰作用，还反映了当时人们的信仰和精神文化。

吉祥纹样：为了祈求吉祥和福气，秦汉时期的服饰上常常绣有各种吉祥纹样，如如意纹、莲花纹、寿字纹等。这些图案在当时被视为好运和祝福的象征。

彩绘图案：在秦汉时期，服饰上的图案常常采用彩绘技法，色彩鲜艳，图案精美。这些彩绘图案不仅使服饰更加丰富多彩，也体现了当时人们对美的追求。

第二节　魏晋时期的传统服饰设计——飘逸脱俗

一、魏晋南北朝时期的服饰款式

（一）衫

魏晋时期，男子的服装风格以长衫为主流。衫与袍的主要区别在于袍有袪、有里，而衫则宽大敞袖，分为单、夹两式，质料多样，包括纱、绢、布等。这一时期的服装趋向宽博，不再受束缚。据《晋书·五行志》记载："晋末皆冠小而衣裳博大，风流相仿，舆台成俗。"《宋书·周郎传》中也提到："凡一袖之大，足断为两，一裾之长，可分为二。"

在魏晋时期，不论是王公名士还是百姓，都以宽大的衣袖为潮流，只有从事田间劳作或重体力劳动的人仍然穿短衣长裤，下缠裹腿。褒衣博带成为魏晋时期的主要服饰风格，尤其受到文人雅士的喜爱。他们不仅钟情于这种装束，还借此表现出其对朝廷的蔑视和不愿走上仕途的态度，展示出他们潇洒超脱的性情。

文人们通过袒胸露臂、披发跣足等装束，表达出对礼法的不拘，显示出一种自由奔放的精神。《抱朴子·外篇·刺骄》中提到："世人闻戴叔鸾、阮嗣宗傲俗自放……或乱项科头，或裸袒蹲夷，或濯脚于稠众……"这种褒衣博带之势，正是政治混乱时期文人在服饰上寻求宣泄的一种表现。

在魏晋时期，文人们渴望进贤，却因宦海沉浮而感到迟疑不决。因此，他们除了沉迷于饮酒、奏乐、吞丹、谈玄，还在服饰上寻求超然的表达。《世说新语·任诞》中记载："刘伶恒纵酒放达，或脱衣裸形在屋中。"这种褒衣博带的风格，不仅体现了文人们对世俗的不满，还表达了他们在政治混乱时期追求超然境界的渴望。

在这一时期，中国传统的儒家思想逐渐退避，老庄的清静无为、玄远妙绝成为文人士大夫人生观的主导。整个时代充满了超脱尘世的气氛，而服饰风格则成为文人表达个性和态度的独特途径。魏晋时期的宽衣大袖、袒胸露臂的装束，正是文人超越尘世的一种象征，展现出他们在混沌时局中对内心安宁的追求。

（二）巾与漆纱笼冠

在魏晋时期，男子的服饰呈现出丰富多彩的面貌，除了以大袖衫为代表的流行款式，还包括袍、襦、裤、裙等多种时尚元素。这一时期的时尚风潮在《周书·长孙俭传》中留下了痕迹："日晚，俭乃著裙襦纱帽，引客宴于别斋。"裙子在当时的潮流中呈现出宽广的风格，下摆拖地，既可穿在内部，也可穿在衫服之外，搭配丝绸宽带系扎于腰间，营造出一种优雅的氛围。

魏晋时期，男子的首饰包括各式巾、冠、帽等，如幅巾、纶巾、小冠、高冠等。其中，漆纱笼冠为一种流行的首饰，其将巾与冠的元素相融合，通过在冠上使用稀薄的黑色丝纱，涂上漆水使其高高翘起，内部的冠顶隐约可见。东晋画家顾恺之的作品《洛神赋图》中描绘了戴漆纱笼冠的人物形象，生动展示了这一时期独特的时尚风貌。此外，帽子在南朝时期逐渐兴起，有白纱高屋帽、黑帽、大帽等多种样式。

南北朝时期，男子的履式也发生了一些变化。除了传统的丝履，木屐成为一种时尚的履式。《宋书·武帝纪》中描述了武帝经常穿着连齿的木屐，喜欢在神武门外走动。在《宋书·谢灵运传》中记载："登蹑常着木屐，上山则去前齿，下山去其后齿。"这种独特的木屐使用方式，成为时尚的象征之一。唐代诗人李白在《梦游天姥吟留别》中提到"脚著谢公屐"，更是凸显了木屐在当时的盛行。

在魏晋时期的服饰礼仪中，访友赴宴时穿着履是常规，而穿着木屐则被视为不合礼仪的行为。然而，在一些江南地区，由于气候多雨，木屐的使用范围相对较广泛。总体而言，魏晋时期的男子服饰展现出多元、丰富的特色，反映了当时社会的繁荣与多元文化的交融。这一时期的时尚风貌不仅在服饰上呈现出独特的审美，而且深刻地反映了社会文化的多元发展。

（三）垂髾服

在魏晋南北朝时期，垂髾服是一种重要的妇女礼服，常被称为"袿衣"，承载着丰厚的历史文化底蕴，是身份显赫的命妇在正式场合穿戴的服饰，也是她们身份地位的象征。尤其在南朝宋、齐时期，皇后在重要正式场合频繁选择垂髾服，以展示其身份的崇高和皇权的威严。

在北魏时期，司马金龙墓壁画中绘制的女性服饰展现了垂髾服的设计特点，明亮丰富的颜色和独特设计使其成为焦点。垂髾服的主色调多为红色和黄色，下摆点缀着青色或白色的边饰，整体色彩明亮且富有层次感。垂髾服设计特点体现在腰间的紧束、袖子和裙摆的松弛，使整体呈现出流畅的线条感，凸显女性的体态之美。此外，垂髾服所选用的材质多为高质量的丝绸和绸缎等高级面料，制作精良，工艺复杂，进一步凸显了女性尊贵和优雅的特点。

垂髾服的流行不仅是妇女服饰的一次重要变革，更是对当时社会风气变迁和文化融合的生动反映。它的出现为后世的服装设计提供了借鉴和启示，使其成为中国服装文化中不可或缺的重要组成部分。这种历史悠久的传统服饰，透过时光的长河，依旧闪烁着独特的光辉，传承了古代华夏文明的瑰丽与精致。

（四）裥色裙

在魏晋南北朝时期，裥色裙如一颗明珠闪耀于当时的服饰界，风靡一时。这一时期的莫高窟，尤其是西魏第二百八十五与第二百八十八窟，以及北周时第二百九十六和第三百零一窟中都展现了裥色裙的独特魅力。在西魏时期，裙装偏好黑色，而北周则更倾向青色，这些绚丽的颜色在壁画中栩栩如生，呼应着朝代的时尚流行色，混搭了黑色、青色与白色，为时代的服饰注入了多彩的元素。

尽管考古资料中目前未有裥色裙的出土实例，却发现了裥色纹路布料成为当时衣着的物证。在一些壁画中，女子所穿长袍的袖子采用了裥色的帛制，展现了裥色技艺的精湛应用。江陵马山一号楚墓中出土的对凤对龙纹浅黄绢面绵袍，更是在袖子和领口边缘运用了裥色纹布料，为服饰注入了独特的设计感。裥色裙这一说法是近现代对其的命名，其在裙幅之间进行跳色拼接，有两种颜色跳色拼接，也有三种颜色跳色拼接。

在早些时期的裥色裙中，裙幅跳色密度较低，且拼接的每一片布料从上至下逐渐变宽，有些呈现出三角形的偏向，如旬邑县发现的两千年前东汉墓壁画中的裥色裙。1995 年，在尉犁营盘墓地出土的一条红白间色毛布半腰裙更是引人注目，布片的接缝处夹缝了相同宽度与材质的浅褐色绢条，彰显了古代裥色技艺的独特魅力。

裥色裙作为魏晋南北朝时期的时尚代表，不仅体现了当时服饰的多样性和创新性，更体现了对色彩和图案的艺术追求。其独特的设计理念和技艺，为服饰注入了新的活力，成为古代中国服饰文化的一份珍贵遗产。这种瑰丽的裥色裙不仅是服饰，更是时代画卷中的璀璨明珠，延续了中国古代服饰丰富多彩的历史。

（五）深衣、履物

在魏晋时期，妇女的服饰多受到汉制的影响，呈现出独特的风采，她们日常所穿的衣物主要包括衫、袄、襦、裙、深衣等，以大襟和对襟为主要特征。这些衣物的领口和袖口经常以彩绣进行装饰，展现了精致和华丽的一面。腰间则常系一围裳或抱腰，俗称腰采，外部还常束上丝带，营造出优雅的整体效果。

有趣的是，魏晋时期的妇女仍然流行男子已不穿的深衣，并对其进行了一些发展。深衣的主要变化体现在下摆上，通常裁制成数个三角形，上宽下尖，层层叠加，形似旌旗，因而得名"髾"。同时围裳中还伸出两条或数条飘带，被称为"襳"，在行走时随风摆动，如燕子轻舞，形成了一种美妙的景象，被形容为"华带飞髾"。

至于履物，妇女们选择的材料比较多样，包括丝、锦、皮、麻等，表面常常绣花、嵌珠，丰富了整体的装饰效果。南朝梁代诗人沈约就有描绘"锦履并花纹"的诗句，反映了当时对履物艺术性的重视。更有趣的是，在新疆阿斯塔那墓中曾发现一双方头丝履，展示了当时履物的独特风格和精湛工艺。

二、魏晋南北朝时期的服饰图案

魏晋南北朝时期，统治者的奢侈生活在服饰上得以充分展现，尤以质料之奢华引人瞩目。据《邺中记》的记载，石虎冬季所使用的流苏帐子，悬挂的竟是由金箔织成的囊；在出猎时，他身着由金缕织成的裤子。即便是皇后出行，也需要两千名使女为其携带卤簿，身着紫编巾、蜀锦裤，脚穿五文织成的靴子。这种奢侈的服饰品位，无疑在动荡不安的时局中显得格外引人注目。

当时，丝织品不仅在数量上惊人，而且品种和花色非常丰富。《邺中记》中描述邺城设有织锦署，其中的锦种繁多，包括大登高、小登高、大明光、小明光、大博山、小博山、大茱萸、小茱萸、大交龙、小交龙、蒲桃文锦、斑文锦、凤凰朱雀锦、韬文锦、核桃文锦等。这些锦织品色彩斑斓，工艺巧妙，不可尽数。

这一时期的服装发展与佛教的盛行密切相关，人们将当时的服饰风尚反映在佛像身上，这一点可以从敦煌石窟壁画和云冈石窟、龙门石窟的雕像中得以印证。

佛教的影响不仅体现在服装风格上，还体现在莲花、忍冬等纹饰大量出现在世人的服装面料或边缘装饰上。这些纹饰赋予了服饰一定的时代气息，展现了人们对宗教信仰的尊崇。佛教兴起的同时，丝绸之路的活跃也使中国的服装吸收了一些异族风采。例如，"兽王锦""串花纹毛织物""对鸟对兽纹绮""忍冬纹毛织物"等织绣图案直接吸取了波斯萨珊王朝及其他国家与民族的装饰风格，使得中国的服装在多元文化的交融中呈现出丰富多彩的面貌。

第三节　隋唐时期的传统服饰设计——华美壮丽

一、隋唐时期的服饰款式

（一）圆领袍衫

唐代是中国历史上一个辉煌的时期，而贞观四年（630年）和上元元年（674年）的两次关于服色和佩饰的规定更是凸显了当时政府对服饰规范的重视。第二次规定尤为详细，不仅明确了不同品级的文武官员应该穿着何种颜色的服装，还规定了应佩戴怎样的饰物。文武三品以上的官员应该穿紫色，佩戴金玉带十三銙，而庶人则应该穿黄色，佩戴铜铁带七銙。这些规定清晰地展现了封建社会中等级制度的细致划分，服饰因而成为社会地位的象征。

黄色的服饰规定尤其引人注目。初始时，当时朝廷对庶人穿黄并没有过于严格的限制，但随着时间的推移，对庶人穿黄的禁令逐渐加强。黄色作为庶人的服饰，逐渐被视为不适宜的颜色，这一变化折射出社会对不同阶层的审美观念和文化认知的变迁。

隋唐时期的服饰不仅是一种穿着，更是社会地位、等级和文化的象征。服装的变化和规定不仅反映了时代的审美和风尚，同时也记录了社会结构和权力体系的演变。通过制定服饰颜色和佩饰的规范，政府在一定程度上塑造了社会的形象，同时也表达了统治者对社会秩序和等级制度的强调与维护。这些规定不仅在当时产生了深远的影响，也为后世的历史研究提供了宝贵的资料和参考。

（二）幞头

在隋唐时期，男子的日常服饰中，幞头是一种极为普遍的首饰。

初期，人们常将一副罗帕巧妙地裹在头上，形成了较为低矮的幞头造型。随着时间的推移，人们在幞头之下增加了巾子，采用桐木、丝葛、藤草、皮革等材质制成，仿佛一个精致的假发髻，以确保裹出固定的幞头外形。这种头饰在中唐时逐渐演变成更为定型的帽子。

（三）襦裙

在唐代，襦裙成为女性的主要装束，其独特的设计和丰富的搭配展现了时代的风采。唐朝女子常常上着短襦或衫、下穿长裙，搭配披帛、半臂，脚踏凤头丝履或精编草履，头上则点缀着精美的花髻，外出时可佩戴幂篱。

（四）女着男装

在唐代，女着男装成为一大特点，这种全身仿效男子装束的时尚趋势引起了广泛关注。据《新唐书·五行志》的记载，唐高宗曾在一次宴会上见到太平公主穿着紫衫，腰围玉带，戴着皂罗折上巾，手持弓箭跳舞，她展现了自信优雅的风采，感染了皇帝和皇后，使他们笑称"女子不可为武官，何为此装束"。

这种女子着男装的形象在古代的画作中也有所体现，如唐代仕女画家张萱的《虢国夫人游春图》和周昉的《纨扇仕女图》。这些绘画作品生动地描绘了女子穿着男装的场景，展示了她们在婀娜多姿中散发出的潇洒英俊的风度。

女着男装的流行趋势反映了唐代社会对妇女束缚较少的特点。相比其他封建王朝，唐代的女性在社会生活中享有更多的自由和权益，她们获得了更高的社会地位和更广泛的活动参与机会，这也为她们的着装风格带来了更多的选择和变化。

女着男装并不仅仅是一种服饰的变化，更是唐代社会风尚和文化观念的一种反映。这种时尚现象体现了女性对自我形象的探索和表达，展示了她们在服饰选择上的多样性和个性化。同时，这也传递出唐代社会对性别角色和性别规范的一种反思与挑战。

（五）胡服

初唐至盛唐时期，中原与北方游牧民族如匈奴、契丹、回鹘等频繁交往，加上丝绸之路上骆驼商队络绎不绝，使得游牧民族的服饰对唐朝产生了深远的影响，胡服之风席卷中原诸城，尤以首都长安和洛阳为盛。胡服的流行不仅改变了妇女的着装风格，还为唐代的饰品添上了异域色彩。胡服不仅是一种服饰，更是一种文化的交流，融合了印度、波斯等多个民族的元素，为当时的妇女们带来了新奇的感觉。

唐玄宗时期，胡舞与胡乐成为时尚的代表，皇帝本人以及他身边的人如杨贵妃、安禄山等都是胡舞的热衷者。唐代诗人白居易的《长恨歌》中描绘的"霓裳羽衣曲"便是胡舞的一种。除此之外，还有浑脱舞、柘枝舞、胡旋舞等多种舞蹈形式，给汉族的音乐、舞蹈和服饰带来了深刻的影响。

作为胡服的主要形式，浑脱帽最初源自游牧民族用兽皮制成的头饰，后来演变为使用锦缎或乌羊毛制作而成，帽顶呈尖形的装饰。这种独特的帽子成为时尚的象征，被许多人模仿。而女子首饰，经历了从幂篱到帷帽再到胡帽的变革过程。这种变革和创新在当时的社会中引起了强烈的反响，许多妇女都纷纷学习新的穿着风格，形成了"臣妾人人学圜转"的场面。

二、隋唐时期的服饰图案

（一）卷草纹图案

唐代的服饰艺术以其独特的纹样和装饰成为时代的亮点，卷草纹作为其中的代表纹样之一，更是展现了唐代文化的瑰丽和多彩。被人们赞誉为"唐草"的卷草纹，源自忍冬草图案纹样，在发展变化中焕发出独特的艺术魅力。

卷草纹在唐代的服饰图案中占据重要地位，被广泛运用于各类衣裳的点缀和装饰中。相较其他图案纹样，卷草纹以其独特的造型和线条变化吸引着人们的目光。卷草纹多以牡丹花和莲花为主体，再搭配石榴、葡萄、仙女和鸟兽等元素，形成了富丽堂皇、生动活泼的纹样，呈现出一种华美而动感的视觉效果。

卷草纹的发展与演变体现了唐代人们对自然和生活的热爱，同时也反映了社会文化的繁荣和时尚的蜕变。这些纹样的细致描绘和巧妙组合，为唐代服饰增添了独特的艺术氛围，成为当时时尚潮流的代表之一。

与宝相花纹一样，卷草纹在唐代的宫廷服饰中尤为常见，展现了皇室品位和文化底蕴。同时，这些华美的图案也渗透到了普通民众的日常服饰中，使唐代社会形成了一种共同的审美观念。

（二）团花纹图案

团花纹图案的形态饱满匀称，内容丰富多彩，层次分明，呈现出高度的装饰性。这种异域风格的纹样不仅反映了唐代的文化交流和贸易活动，也展现了当时社会对艺术创新的追求。尽管这一风格在后来逐渐式微，但其留下的文化印记依然在历史长河中熠熠生辉，为我们探究古代文明和艺术发展提供了独特的视角。

（三）缠枝图案

作为唐代女性服饰的瑰宝，缠枝图案承载了独特的审美情感与深刻的文化内涵。这一盛行于唐代的装饰纹样，又被称为穿枝花，其结构以波状线为基础，与花、草、枝、叶等元素相互融合，呈现出一幅富丽缠绵的画卷。

从形式上来看，缠枝图案以其独特的设计风格引人注目，曲线如波、婉转多姿，呈现出一种女性的柔美与细腻。然而，值得一提的是，一些缠枝图案却展现出相对硬朗的外形，显示出多样而丰富的审美特色。这种多样性不仅彰显了唐代时期对女性美的多面探索，同时也反映了当时社会对女性角色的多重理解。

缠枝图案并非仅仅局限于唐代的舞台，其影响力持续延伸至宋、明、清时期。这种时尚趋势在历史的长河中得以传承，并不断演变，成为后世服饰图案设计的重要参照。其深远的影响力，不仅体现在传统服饰上，更渗透到现代时尚的设计中，为当代服装注入了独特的文化底蕴。

缠枝图案的魅力不仅在于其华丽的外观，更在于其丰富的情感与文化内涵。它既是一种审美的享受，又是对女性特质的一种赞美。这种装饰纹样透露着一种细腻而深刻的女性美学，将柔美、坚韧、优雅的特性完美融合于一身。

第四节　宋代的传统服饰设计——精致典雅

一、宋代的服饰款式

（一）男性服饰

宋代男性的服饰反映了当时的社会文化和生活习惯，呈现出多样化和实用性。在上衣方面，褙子、直身衫和袍子是主要的选择。褙子是一种短款上衣，通常束于腰间，这种设计不仅方便了日常活动，还增添了穿着的灵活性。其前襟开衩的设计更是符合了宋代男性的生活需求，使得穿着更为便利。直身衫则是日常穿着的常见选择，款式简单大方，适合各种场合的穿着。袍子是一种正式场合的服装，其长袍的设计体现了尊贵和庄重，展现出男性的高贵品位。

在下装方面，宋代男性的选择主要集中于裤子和裙子两种。裤子的款式包括了直裤和褶裤两种。直裤通常是直筒宽松的设计，确保了穿着的舒适性和活动的便利性。褶裤则在裆部有褶皱，这种设计不仅体现了时代的审美，还增添了穿着的独特风格。裙子作为一种宽松的下装，多用于正式场合，其设计更注重舒适性和仪态的展现。

配饰在宋代男性的装扮中也起着不可或缺的作用。帽子、腰带和鞋子是主要的配饰品类。帽子有巾帽和冠帽两种，巾帽通常采用布料制作，而冠帽则使用金属或贵重材料制成，体现出男性在不同场合的着装要求。腰带作为束腰的装饰品，多用丝绸或布料制成，既注重了实用性，又体现了品质和品位。鞋子的选择包括靴子和履鞋两种，靴子适合户外活动，而履鞋更适合在室内穿着，这体现了宋代男性在不同场合的生活方式和穿着需求。

（二）女性服饰

在宋代，女性的服饰丰富多彩，彰显了社会文化和审美观念。在上衣方面，襦裙、对襟衫和褙子是女性常见的选择。襦裙独特的设计将上衣和裙子巧妙地融合，束腰的设计凸显了女性的曲线美，而宽松的裙摆则体现出女性身形的婀娜和飘逸。对襟衫适合日常穿着，展现出女性的淡雅和大方。褙子作为一种长衣，以两腋下侧缝开的长衩为特色，通过腰部带子的系紧，突出了女性的身形曲线。褙子的流行受到社会审美观念和礼仪制度的影响，不同场合的褙子要求不同的颜色和花纹，体现了女性在不同场合的着装礼仪。

在下装方面，裙子和裤子是宋代女性的主要选择。直裙、褶裙和裙裤三种款式满足了不同场合的需求。直裙通常以直筒宽松的设计为主，舒适自在，适合日常生活。褶裙在裙摆处添加了褶皱，增添了层次感和装饰性。裙裤则将裙子和裤子巧妙地结合，既保留了裙子的婀娜，又增加了裤子的灵活性，多用于特殊场合。

配饰在女性装扮中发挥着不容忽视的作用。钗、簪子和发带等发饰用于固定发髻和增加装饰效果，展现了女性的优雅和精致。腰带则是用来束腰的装饰品，丝绸或布料的选择体现了品质和品位。在鞋子方面，绣花鞋、绣花履和木屐等鞋履款式精美，注重细节处理，使整体造型更加完美。

二、宋代的服饰图案

宋代早期，服饰图案的发展不仅延续了唐代的传统，也融入了新的元素，呈现出更加丰富多样的面貌。这一时期的服饰图案不仅是装饰品，更是文化的传承和时代的见证。

在宋代初期，服饰图案的内容仍然沿袭了唐代的传统，主要围绕自然界的元素展开，如花卉、鸟兽、山水等。这些图案以细腻的线条和精致的织锦技法呈现，体现了唐代艺术的独特风格。然而，与唐代相比，宋代的服饰图案更加多样化，融入了民间艺术，体现了当时社会经济发展的特点。

在宋代早期，服饰图案的风格注重细节的表现和精湛的技艺。图案的线条流畅而优美，色彩鲜艳而和谐，体现了宋代文化追求精致和雅致的特点。特别是在织锦、刺绣等工艺方面，宋代的技术达到了前所未有的高度，使得服饰图案更加绚丽多彩。

折枝花图案是宋代服饰图案中备受瞩目的一种类型，以写实、自然、和谐和灵动的飘逸效果而闻名。这些图案通过精细的绘画技巧，生动地描绘了各种花卉和鸟类，展现了宋代人们对自然界的热爱和赞美。

除了花鸟图案，宋代的服饰图案还包括丰富多样的几何组合图案，如八搭晕、六搭晕和盘球等。这些图案常常出现在当时的织锦服饰上，被称为宋锦。这些几何组合图案以其精细的设计和独特的美感，展示出宋代人们对装饰艺术的追求和创作力。

第五节　辽夏金元时期的传统服饰设计——多元交融

一、辽代的服饰款式

辽代的服饰风格融合了契丹族文化和汉族文化，呈现出独特的特色。男性和女性的服装各具特点，而皇室成员的服饰更是以华丽和尊贵而著称。

对男性来说，辽代的服装主要包括袍、衫、裤和靴。袍是男性的主要上衣，通常为长袍，有长袖和短袖两种款式。这种设计不仅体现了契丹族的传统，还展现出一种雄壮的气质。衫作为内衣，常用绸缎制作，舒适且不失典雅。裤子多为宽松的裤腿，有长裤和短裤两种款式，使得穿着更加自由自在。至于靴子，多为高筒靴，采用皮革或织物制作，既实用又耐穿。

女性的服饰也是多姿多彩的。褙子是女性的主要上衣，呈短款，有长袖和短袖两种款式，展现了女性柔美的一面。袄作为内衣，常用丝绸制作，轻盈而华贵。裙子一般为长裙，有直裙和裙裾分叉两种款式，为女性增添了婀娜的风姿。鞋子则多为绣花鞋或绣花靴，采用丝绸制作，不仅美观，还透露着女性的高雅品位。

辽代皇室成员的服饰更是充满了奢华和尊贵的气息。皇帝的服饰以黄色为主，象征着尊贵和权威，常常点缀着各种华丽的图案和花纹。皇后和公主的服饰则以红色为主，寓意吉祥和幸福，同样也装点着金银线和珠宝，闪耀着璀璨的光芒。这些服饰不仅体现了皇室成员的身份地位，更彰显出辽代的繁荣和文化底蕴。

二、西夏时期的服饰款式

在西夏时期，服饰不仅是一种穿着方式，更是党项族文化与汉族传统交融的体现，呈现出独特的风貌和特色。男性的服饰以庄重稳重的风格著称，他们常穿着长袍，这种袍子类似汉族的服装，但在款式上可能略有不同。这些长袍通常由丝绸或麻布制成，颜色多为深色，彰显出男性的雍容与庄严，配以长裤，体现出他们对实用性的重视。此外，男性还会佩戴头巾或头带，这不仅是一种装饰，更是身份和地位的象征。

女性的服饰则更加注重细节和装饰。她们常穿着华丽的长袍或长衫，同样使用丝绸等高档面料制成，色彩鲜艳。这些服饰不仅展现了女性的婀娜身姿，更彰显了她们的优雅与魅力。与男性相似，女性也穿着长裤，但更加注重装饰，常常配以各种饰品，如头饰、项链、手镯等，为整体造型增添了几分华丽和精致。

西夏时期，人们通常穿着精致的皮鞋或靴子，这些鞋子制作精良，不仅考虑到了当地的气候和地形，更展现了西夏人在制作工艺上的高水平。这些鞋子常常以皮革和织物进行装饰，呈现出独特的风格和品位。

三、金代的服饰款式

金代是中国历史上少数民族政权的代表之一，其服饰款式展现了多元文化的融合与创新。在这个时期，服饰不仅是一种装饰，更是身份和文化的象征。

（一）男性服饰

男性服饰在金代展现出了鲜明的特色。一般而言，男性常见的服装包括长袍、褶裙和宽袖上衣。长袍常用丝绸或麻布制成，款式简洁大方，通常束腰而下，下摆较长，呈现出一种端庄和稳重的形象。褶裙则是一种常见的下装，宽松舒适，适合行走和活动。宽袖上衣也是男性常见的上装之一，袖口宽大，给予穿着者自由的舒适感。

此外，男性头饰也是服饰的重要组成部分。男性多戴帽子，如蒙古帽或斗笠，以保护头部免受风沙侵袭。

（二）女性服饰

女性服饰在金代同样具备独特的风格。女性常穿着长袍和长裙，以展现优雅端庄的形象。长袍的款式多样，颜色鲜艳，常用丝绸或绢制成，袖口和下摆常常点缀以精美的刺绣或图案，展现出精湛的工艺和美感。长裙则常常下摆宽大，让女性行走起来更为舒适自如。

在头饰方面，女性喜欢佩戴各式各样的发饰，如发簪、发环等，常常以宝石、珠宝或者玉石镶嵌，展现出华丽和高贵的风格。

在金代，服饰不仅是装饰身体的物品，更是身份和地位的象征。贵族和官员的服饰常常更为华丽和精美，以展现自己的身份地位，而普通百姓的服饰则更注重实用性和舒适度。服饰是文化传承和交流的载体，融合了汉族和女真族的元素，体现出了多元文化的交融和融合。

金代的服饰款式多样且富有特色，展现出了当时社会的审美观念和文化特征。这些服饰款式不仅反映了时代的风貌，也为后世的服饰设计提供了丰富的灵感和借鉴。

四、元代服饰款式

元代作为中国历史上一个富有多元文化的时期，其服饰风格展现了融合性与多样性的特点，同时也反映了不同民族文化的交流与影响。

蒙古族、汉族以及西亚和中亚地区的服饰元素相互融合，形成了独具特色的时尚潮流，为当时的社会增添了一抹绚丽色彩。

在元代，作为统治者的蒙古族的服饰扮相极具特色。他们的服饰注重实用性，迎合了骑马作战的需要。男性常穿长袍、马裤和靴子，头戴蒙古帽，而女性则穿着长袍、长裙和靴子，头戴各式发饰和头巾。这些服饰以鲜艳的色彩和精致的刺绣为特点，彰显出蒙古族独特的民族风情。

与此同时，汉族的传统服饰元素在元代仍然得以延续，但也受到了蒙古族及其他少数民族的影响。男性多穿长袍、褂子和裤子，头戴各式帽子，而女性则穿着长袍、对襟衫和裙子，头戴发饰和发髻。汉族服饰注重细节和装饰，常使用丝绸和绣花等材料，体现了华丽与典雅的风格。

另外，元朝时期的服饰也受到了西亚和中亚文化的影响。这些地区的服饰以宽松、飘逸和华丽为特点，常使用丝绸、细密的刺绣和金银线等材料。这些异域风情的影响使得元朝时期的服饰更加多样化，增添了神秘感。

五、辽夏金元时期的服饰图案

（一）辽代的服饰图案

辽代早期的服饰纹样受到了唐代的深远影响。在唐朝灭亡之时，许多汉族手工业者涌入辽境，为辽代的发展注入了新的活力。这些手工业者带来了丰富的手工艺技术和经验，对辽代的服饰制作起到了重要作用。同时，一些唐代的织物也传入了辽境，以其精美的纹样和高品质的工艺而闻名。这些织物的引入为辽代服饰提供了新的材料和设计灵感。贵族和官员们开始穿着这些唐代织物制作的服饰，进一步促进了唐代服饰对辽代服饰发展的影响。这种影响不仅体现在服饰的纹样和图案上，还包括服饰的剪裁和款式等方面。

例如，龙凤纹是中国传统文化中非常重要的纹样之一，具有吉祥、尊贵的象征意义。在唐代，龙凤纹在宫廷和贵族社会中得到广泛应用，成为当时的主流纹样之一。辽代在吸收了唐代文化的基础上，采用了龙凤纹作为重要的服饰纹样。然而，辽代的龙凤纹在风格上有所变化。辽代龙凤纹的造型更加简洁、朴实，展现了北方契丹人的审美情趣。相较唐代的富丽堂皇和精细繁复，辽代的纹样更加质朴，更加凸显了草原民族的粗犷豪迈特色。这种变化体现了辽代文化与北方民族审美的融合，呈现出独特的辽代风格。

通过对比辽代出土实物与唐代纹样，我们可以看到辽代龙凤纹在继承唐代的基础上进行了一定的改变，从而展现出辽代独特的审美特色。这种文化融合与转化不仅是历史发展中常见的现象，也为我们理解辽代文化的多样性和独特性提供了重要的线索。

到了辽中晚期，辽代的服饰纹样开始受到宋代的影响。北宋时期，辽宋之间的交往密切，无论是政治上的朝贡关系还是经济上的贸易往来，都促进了两国文化的交流和发展。这种交流对辽代的服饰纹样产生了深远的影响。在辽宋边境地区，随着贸易的繁荣，大量宋朝纺织品和纺织工匠涌入辽国。这些来自宋代的纺织品和纺织技术迅速在辽国发展起来，对辽代的服饰纹样起到了重要的推动作用。通过考古出土的实物纹样可以看出，许多辽中晚期的服饰纹样中出现了北宋时期的特点和风格。例如，辽宁省法库县叶茂台墓葬中出土的双龙簪花羽人骑凤棉袍纹样就展示出受北宋时期织物纹样的影响。这些纹样可能是通过辽宋之间的贸易往来或者纺织工匠的迁徙传入辽国的。

这种历史背景下的文化交流与融合，不仅丰富了辽代服饰的多样性，也展现出不同文化之间的互动与共融，为后世留下了宝贵的历史遗产。

（二）西夏时期的服饰图案

西夏的纺织品吸收了汉族纹样的精华。从西夏遗址出土的丝织品残片可以看出，西夏的纺织品在图案和纹样上与汉族纺织品有相似之处。这种影响可能是因为西夏与中原地区有频繁的贸易往来，汉族纺织品的影响逐渐渗透到西夏的纺织艺术中。

（三）金代的服饰图案

金代服饰的纹样在一定程度上展现了与唐宋时期汉族服饰的相似

特点，同时也呈现出独具特色的汉化和世俗化的特点。这一独特之美主要因为金代在历史发展中承袭了辽代和宋代的文化影响。

首先，金代服饰受到了辽代的深刻影响。辽代是一个少数民族政权，其服饰纹样充满了浓郁的民族特色。金代作为辽代的继承者，在服饰设计上融合了辽代的纹样元素，如春水秋山纹样被广泛运用于金代的服饰上，展现了辽代文化的影响。

其次，金代进入中原后受到了宋代文化的深远影响。宋代是中国历史上一个繁荣的朝代，其文化对金代产生了深刻影响。金代服饰在纹样方面逐渐受到宋代服饰的影响，呈现出与唐宋时期汉族服饰相似的特点，具体表现在纹样的题材选择和设计风格上。

由于金代建立和统治过程相对较短，使得金代文化更加注重实用性和世俗性，这也反映在金代服饰的设计上。与唐宋时期的汉族服饰相比，金代服饰更注重实用性和舒适性，同时在纹样的选择和设计上也更倾向于世俗化的主题。

金代服饰的纹样在与汉族纹样相互渗透和融合的过程中，保留了独特的风格，展现出了粗犷、率真、豪爽和奔放的特点。动物纹样和植物纹样是金代服饰中常见的两种纹样。动物纹样常以狮子、虎、麒麟、龙等神兽为主题，赋予这些动物神圣和权威的象征意义，凸显了金代人对力量和荣耀的追求，这些纹样通常以夸张的形态和生动的表现方式为特点，给人以强烈的视觉冲击力。植物纹样则以花卉、树木、藤蔓等植物为主题，展现了自然界的生机和繁荣，寓意丰收和幸福，植物纹样以曲线和流畅的线条为特点，给人以柔美和舒适的感觉。

（四）元代的服饰图案

元代作为中国历史上一个多元文化的时代，承载了蒙古、汉族和其他少数民族丰富而多样的文化传统。在这个独特的历史背景下，元朝的服饰图案展现了这种文化大熔炉的独特魅力，融合了各个民族的艺术元素和审美观念，呈现出丰富多彩的视觉盛宴。

作为蒙古族建立的王朝，元朝不可避免地受到了蒙古族传统文化的深远影响。蒙古族的服饰图案通常以简洁有力的线条勾勒出动物和自然元素，这些图案不仅展现了草原文化的独特气息，还蕴含着蒙古族勇敢和热爱自然等情感的精髓。马、鹰、狼等动物形象以及草原、山川、河流等自然景观的描绘，构成了蒙古族服饰图案的主要元素。这些图案不仅在蒙古族的生活中被广泛应用，也在元朝时期的服饰设计中得到了充分展现，为元朝服饰增添了浓厚的民族特色。

与蒙古族图案相伴而生的是汉族传统文化的影响。汉族的服饰图案延续了传统的元素，但在元朝的时代背景下也不可避免地融合了其他民族的艺术元素。这种融合使得汉族服饰图案更加多样化，同时也体现出不同文化之间的交流和融合。此外，来自西亚和中亚的文化影响也为元朝的服饰图案增添了华丽和细腻的特点，使其更加富有变化和张力。

元朝时期的服饰图案不仅展现出不同民族文化之间的交流和融合，更呈现出一种文化创新的趋势。不同民族的图案元素在相互影响和交流中逐渐融合，形成了独特而多样的图案风格，为后来的服饰发展提供了丰富的图案元素和审美灵感。

第六节　明代的传统服饰设计——绮丽多彩

一、明代的服饰款式

（一）便服

便服是指日常生活中的便装，与正式场合的服饰相对。它不强调等级的差别，既不像处理朝政事务场合时的衣服需要威严庄重，也不像吉庆场合时的衣服需要繁复绚丽的装饰。相反，便服更注重服饰的功能性，追求简洁、方便和舒适。

便服的选择通常会考虑季节的变化，根据不同的天气选择合适的材质和款式。男性便服常见的款式包括道袍和直身。道袍是一种宽松的长袍，通常由轻便的布料制成，适合在日常生活中穿着。直身则是一种直筒式的上衣，它简洁而实用，适合各种场合穿着。女性的便服款式更加丰富多样。衫是一种类似上衣的服装，通常搭配裤子或裙子穿着。比甲是一种束腰的上衣，可以搭配长裤或裙子。裙子是女性常见的下装，有各种长度和款式可供选择，适合不同场合的穿着。

（二）公服

《明史》中提到，在明朝京城，文武官员每天早晚参加朝会、进谢、辞别等场合都要穿着公服。在京城以外的地方，文武官员每天清早也要穿着公服。

明代的公服包括以下几个部分：皂纱幞头、圆领右衽袍、笏、单挞等。其中，皂纱幞头是一种黑色的头巾；圆领右衽袍是一种领口圆形、右衽的长袍；笏是官员朝见皇帝时手持的手板；单挞是官员佩戴的腰带。

圆领右衽袍一般使用纻丝、纱罗绢等材料制作。纻丝是一种由桑蚕丝织成的细密丝织品，纱罗绢则是一种轻薄的丝织品。用这些材料制作的袍子质地轻盈、柔软，并且透气性好，适合穿着在各种场合中。

这些公服的穿着规定是明代官员在特定场合展示身份和地位的一种方式，也是明代官员礼仪规范的一部分。

（三）衣和裳

上衣下裳是华夏民族最早的服饰形制之一，对后世的服装文化产生了深远的影响。根据《释名·释衣服》的解释，衣指的是上衣，用来遮寒挡暑；裳指的是下裳，是用来遮挡和保护下半身的衣物。这种上衣下裳的服饰形式可以追溯到很早之前，早在甘肃出土的彩陶文化（辛店期）的陶绘中就已经出现。上衣下裳作为华夏民族最早的服饰形制之一，后来在华夏文明的发展过程中得到了传承和发展。

（四）男式袍服

1.圆领袍

明代圆领袍的形制承袭了唐代圆领袍衫的特点。圆领又称盘领，其特点是领呈圆形，领口有沿边。圆领的设计使得领口能够更好地贴合颈部，增加舒适度。此外，明代圆领袍的领子外襟开端处通常会配有纽扣，用于固定领子，使其不易松动。这种设计不仅方便穿脱，还增加了服饰的美观性。明代圆领袍在形制上继承了唐代圆领袍衫的特点，并在其基础上进行了一些改进和发展。

2. 道袍

道袍是明代男性的基本服饰款式之一。明代的定陵出土的八件大袖衬褶的道袍，以及盐池冯记圈明墓出土的缠枝牡丹绫袍，都是道袍的典型款式。道袍通常采用宽松的设计，袍身长及膝，袖子宽大而长，可以垂至地面。袍子的领口较为宽阔，可以敞开或系上腰带。道袍的特点是袍身下摆呈圆弧形，袍子的前襟两侧有开衩，方便活动和行走。此外，道袍的袖口和下摆常常会装饰有纹饰，如缠枝牡丹等。

（五）女式袍服

1. 裙

明代时期，妇女的穿着以裙子为主，这是她们日常着装中不可或缺的一部分。在当时，明代马面裙和白罗绣花裙是两种最为常见的款式。

明代马面裙以简洁而独特的设计特点著称。其最为显著的特征是裙摆两侧的褶皱宽大而分散，形成了一种活泼的褶皱效果。与清代相比，明代的马面裙更注重简洁，装饰相对较少，而马面的装饰主要集中在裙襕上，裙身相对较少。这种设计风格彰显了明代时期的审美理念，追求简洁明快的线条，展现出一种淡雅而不失华贵的气息。

白罗绣花裙则展现了明代妇女服饰的另一种精髓。这种裙子可分为两大片，每片上都绣有精美的花卉图案，共有四个裙门。在穿着时，这两片裙子重叠在一起，只展示前后两个裙门，这种设计在展示绣花和整体图案时可能具有独特的效果。与此同时，裙子前后裙门通常不加打褶，而其他部位则呈现出大而疏的褶皱，展现了明代女性裙装的独特韵味。这种设计不仅凸显了绣花的精美，也体现了整体装饰的协调与和谐。

2. 比甲

比甲这一古代服饰，承载着历史的印记，其设计和演变展示了时代的变迁与文化的交融。根据《元史》的翔实记载，比甲被描述为一种前面没有衽（领口）的独特衣物，其后部长度是前部的两倍，且无领袖（袖子），两侧装饰以两襻。这样的设计主要出于方便骑射的考虑，当时的人们纷纷效仿这一独特的服饰风格。

比甲在元代时期并未流行起来，其历史的转折点出现在明代。在明代，比甲迅速成为女性钟爱的时尚单品。比甲的款式多种多样，其中包括圆领和交领两种设计，衣襟为对襟、无袖，衣身的左右两侧饰有开衩。这一设计不仅注重美感，更符合当时社会对女性穿着的审美标准。比甲通常作为上衣穿在衫、袄、裙的外面，与它们巧妙地形成多层次的色彩搭配，展现出丰富而独特的时尚风采。

比甲的流行彰显了社会对服饰的审美追求和对女性形象的不断演绎。其设计不仅具备实用性，更在形式上融入了对称美的理念，体现出当时文化对服饰设计的精致关注。从方便骑射的实用功能到妇女时尚的引领地位，比甲在漫长的历史长河中留下了独特的足迹，成为中国古代服饰文化的一部分。

二、明代的服饰图案

在明代，服饰图案的设计深受周朝和汉朝传统图案的启发，同时也汲取了唐宋时期的图案元素，形成了独具特色的华夏服饰图案，赋予了明代服饰图案丰富多样的艺术元素，使其在审美上更加精致，艺术形式逐渐得到完善。这一时期的服饰图案设计不仅注重美观，更强调吉祥寓意，许多图案都有吉祥、祥瑞的含义，反映了人们对美好生活的向往和对未来的祝福。

明代服饰图案的设计灵感主要源自自然元素，如花鸟、动物、植物等，这些元素成为图案的主题，通过精心构图和细腻的绘画技巧展现出丰富的意境和艺术价值。这些图案在整体设计中体现出对自然的崇敬和对生命的热爱。至今，许多带有吉祥寓意的明代图案仍然应用在服饰和各种器物上，成为中华民族文化的重要标志。

这些图案不仅仅装饰了表面，更承载着人们对美好生活的向往和祝福。通过服饰图案，人们传达对繁荣、幸福与和谐社会的愿景。这种文化传统和智慧的传承，使得这些图案不仅在传统的节日庆典中得到体现，而且在现代时尚设计中发挥了丰富和独特的装饰作用。这些图案的延续与发展，展示了中华民族独特的艺术风格和文化魅力，向世人展示了历史传承的精髓。

（一）具有尊贵象征的纹样

明代的服饰制度严格而复杂，彰显着社会等级的森严。在这个时期，服饰不仅是一种装束，更是身份与地位的象征。不同社会地位的人拥有各自的服饰规定，其中帝后、宫妃和高级官员等人士可以穿着彰显权威与尊贵的服饰。这些服饰往往装饰着特殊的纹样，如龙纹、凤纹、云纹等，这些图案象征着皇权及其神圣地位。

然而，普通百姓却无权使用这些纹样，他们的服饰简朴，反映出他们的社会地位和经济状况。这种严格的服饰制度是明代社会等级制度的一部分，旨在维护社会秩序和等级观念，同时也凸显统治者的权威地位。

作为一种神秘而神圣的生物，龙在许多文化中具有特殊的象征意义。它常常被描绘为有角、有须，身躯似蟒蛇，却又有四肢带爪的瑞兽。龙常与水和云联系在一起，它的鳞片和鳍使得它与水密不可分，因此龙常常与水纹相搭配，以强调其与水的关联。同时，龙也与云纹相联系，传说中龙能够操纵天气，掌控云雾和雨水。

明代对类似龙形的图案，如蟒、飞鱼、斗牛等，制定了特殊规定。只有那些取得了极高殊荣的人才有资格被授予绣有这些纹样的服装。除了获得殊荣者，其他人擅自使用这几种纹样都会面临严厉的惩罚。这种规定反映出当时社会的等级观念，将这些纹样限制在特殊的社会地位或成就的个体身上使用，以强调其象征意义，同时对未经授权的使用进行限制，有助于保持这些图案的独特性和尊贵性。

在明朝中后期，禁令有时会放松，导致一些人使用被禁用的纹样，甚至一些权臣家中的丝绸上绣有禁用纹样，这说明了尽管朝廷对这些纹样的使用做出了限制，但在一定时期内，禁令可能放松，导致这些图案流行起来。被朝廷限制的龙、凤等图案成为当时的时尚模仿对象，人们争相效仿并使用这些图案的服饰。这种现象反映了社会对特定图案的喜好和追求，以及对服饰的时尚性和个性化的追求。即使受到禁令的限制，人们仍然试图通过使用这些被限制的图案来展示自己的品位。

（二）具有吉祥寓意的纹样

吉祥纹样在中国古代，尤其是明清时期，扮演着文化象征的角色。龙纹和凤纹被视为统治者权力与地位的象征，主要出现在宫廷和贵族中。然而，更多寓意吉祥的图案则深植于平民百姓的日常生活。

在明代，动物图案中常见的鹿、羊、鸳鸯、孔雀、仙鹤和蝙蝠等动物都被赋予了吉祥、幸福、长寿等寓意。同时吉祥植物图案也十分常见，包括莲花、牡丹、菊花、灵芝和石榴等。每种植物都承载着独特的寓意，例如莲花象征纯洁和高尚，牡丹寓意富贵和繁荣，菊花代表坚贞和长寿，灵芝象征长生和健康，石榴则寓意多子多福。此外，自然景物如云纹和水纹也常见于纹样设计中，云纹代表祥瑞，水纹象征流动、生机和财富。

另外，几何纹和吉祥文字的运用也不可忽视。几何纹以其简洁形式和丰富变化传达出吉祥的寓意。吉祥文字如福、寿、喜等常用于纹样中，表达对美好生活的祝愿。

这些图案并非仅仅是平面装饰，在劳动人民和民间艺术家的手中它们被赋予更深刻的含义。艺术形象、谐音、寓意手法共同交织，使这些纹样充满吉祥美满之意。人们运用这些图案，既是为了祈愿平安，也是为了追求吉祥和幸福。这种图案设计特色在中国古代，特别是明清时期的服饰文化中得以充分体现，反映出当时人们对美好生活的向往和追求。

在明代，图案设计注重意义和吉祥寓意。设计师们在选择题材和形象组合时，会仔细考虑图案传达的意义和象征，以及与其他元素的搭配效果。例如，将蝙蝠、桃子和连钱图案组合，寓意"福寿双全"。金鱼游于池塘的图案象征"金玉满堂"，鹿、仙鹤和梅花的组合寓意"六合同春"，松竹梅的结合寓意高洁。猫与"耄耋"谐音，与蝴蝶和牡丹组合寓意"耄耋富贵"，而在一些传入的佛教传统图案中，如意纹和八宝纹也寓意着吉祥和祝福。

这些图案不仅是装饰品，更是文化的传承和表达。在富有创意和深刻寓意的基础上，这些纹样反映了古代中国人对美好生活的渴望，为历史文化留下了独特的印记。

第七节　清代的传统服饰设计——雅致精巧

一、清代的服饰款式

清代服饰的款式不仅反映了满族游猎民族的特点，同时也吸收了前代的服饰元素。清朝冠服的分类可以分为袍、服、褂、裙裳四个主要类别。这些服饰与前代的宽衣大袖形制有明显的区别，同时也体现了清朝宫廷服饰复杂且规格严谨的特点。鉴于其多样性和复杂性，以下将重点介绍几种具有代表性的服饰，以便更好地理解这一时期的服装文化。

（一）袍

袍是北方民族传统的服饰之一，它改变了中原汉族长期以来上衣下裳的服装形制，袍的设计更符合北方民族生产和生活的需要。清代的袍服主要包括朝袍、吉服袍、常服袍和行服袍等。

（二）端罩

清代的端罩是一种独特的官员礼服，主要为满族及汉族官员所使用，包括皇帝、文职三品以上、武职二品以上官员以及一至三等侍卫。与春、夏、秋三季所穿的朝褂和吉服褂不同，端罩专为冬季设计，其实质和功能与其他季节的礼服相似。它在冬季被穿戴在龙袍或蟒袍之外，作为一种额外的保暖服装。

端罩的款式为宽松型的对襟裘皮外褂，通常外露皮毛，内衬缎料。

它的领型为圆领或无领款式，袖子宽松且过肘，衣长一般及膝。两侧各有两条带子，带子下端宽而尖锐，颜色与内衬相同。不同等级的官员穿着的端罩在材质和颜色上有所区别，严格按照品级规定，不得逾越规定的范围。

皇帝的端罩有两种类型，分别使用黑狐和紫貂皮制成，内衬明黄色缎料。亲王、亲王世子、郡王等高级官员的端罩则用青狐皮制成，内衬月白色缎料。其他贵族和高官根据自己的等级使用不同的皮毛和缎料，如用貂皮和蓝色缎料等。这种严格的等级制度和服装规范体现了清代官服的设计细节。

端罩的历史背景和设计元素反映了清代社会的等级制度与礼仪规范。它不仅是一种服饰，更是官员身份和地位的象征。通过不同材质和颜色的搭配，清代官员可以清晰地展示出自己的地位和身份，彰显清代社会的等级秩序。

（三）衮服

清代的衮服是专为皇帝设计的一种独特服饰，主要用于祭拜圜丘、祈求丰收和祈雨等重要仪式。衮服以石青色为主色，上面绣有四团五爪正面金团龙，两肩前后各绣有一团龙图案，左肩绣有日图案，右肩绣有月图案，胸背部分则绣有寿字和五色云纹。根据季节变化，衮服由棉、夹、纱、绸等不同材料制作而成。

（四）补服

补服，又称补褂，是清代官员的标准礼服之一。当皇帝穿着衮服、皇子穿着吉服褂或龙褂时，王公大臣和其他官员则穿着补服。补服的主要特点是在胸前和背后缀有补子，用以标明穿着者的官职。补服通常为石青色，前后各有一个补子，圆领、对襟、平袖，袖长至肘部，衣长至膝下。清代补服的补子在形式和内容上均继承了明朝官服补子的特点，但在尺寸和图案上有所改变。

（五）常服褂

常服褂是清代官员日常穿着的外衣，通常套在常服袍之外。它的主要特征是圆领、平袖、对襟，在样式上与吉服褂相似。但与吉服褂不同的是，常服褂通常不配有象征身份的补子，而是采用石青色暗花织物制作（即基本色相同，图案与底色相融合）。其花纹设计没有具体规定，主要依据穿着者的身份自由选择。常服褂的开口设计为左右两侧开合，有棉、夹、纱、绸四种类型，根据季节变化选择不同材质的常服褂。

（六）朝裙

朝裙是清代后妃及命妇在朝会和祭祀时穿在朝袍内的礼裙。朝裙通常使用缎料制作，分为冬季和夏季两种类型。不同等级的后妃和命妇穿着的朝裙在用料、颜色和织纹上有所区别。例如，皇太后、皇后等的冬朝裙多以红色织金和石青色五彩行龙妆花缎制成，而较低等级的命妇则使用红色素缎和石青色四爪行蟒妆花缎。朝裙的制作讲究精细，确保裙身正幅、无偏斜，且有襞积（褶皱），以增加裙身的厚重感。

（七）旗袍

旗袍作为清代普通服装，最初是满族男女老少都喜爱的服饰。其设计宽松、右衽、圆领，并有左右开衩，适合满族的生活方式。旗袍的材质和颜色随季节和场合变化，逐渐成为中国女性的典型民族服饰。

二、清代的服饰图案

（一）皇帝宗亲服饰纹样

在清代，皇帝身披的服饰不仅是一种装束，更是权力、地位与文化符号的集合。其服饰之中所蕴含的纹样，无论是龙纹、十二章纹还是蟒纹，皆具有深远的象征意义，反映了当时封建社会的等级秩序和文化传统。

首先，龙纹作为汉族传统的祥瑞纹样，在清代的皇帝服饰中占据着重要地位。龙袍上的龙纹，不仅象征着皇帝的尊贵和至高无上的地位，更寓意着国家的繁荣和安定。清代龙纹的设计不拘一格，有正龙、行龙、升龙、降龙等多种形态，每一种形态都蕴含着深刻的文化内涵，使得龙袍更加具有仪式感和庄严感。

其次，十二章纹作为源自周代的古老纹样，被清代皇帝服饰所沿用，延续了中国传统文化的精髓。这十二种纹样包括日、月、星辰、群山、龙、华虫、宗彝、藻、火、粉米、黼、黻，每一种纹样都代表着一种具有深刻文化寓意的符号。这些纹样的组合与分布，不仅在视觉上展现出一种和谐、有序的美感，更彰显出皇权的神圣和崇高。

最后，蟒纹作为清代皇族宗亲常用的纹样，虽然与龙纹相似，但在细节上有所区别，体现了清代封建社会中地位等级的差别。蟒袍作为亲王和高级官员的常服，其蟒纹爪数少于龙，象征着地位的不同。这种差异化的设计，不仅使得清代社会的等级秩序更加清晰可见，也凸显封建社会中地位与身份的重要性。

（二）后宫命妇服饰纹样

清代后宫命妇的服饰纹样承载着丰富的文化内涵和深刻的社会意义。皇后作为后宫至高无上的存在，其服饰以凤纹为主，这种古老的纹样象征着华丽和吉祥，代表着皇后的威严与荣耀。凤凰形象的独特之处在于其集合了多种鸟类的特征，尤其是卷尾曲爪和长冠飞羽，使得其形态优美动人，令人为之倾倒。清代的凤纹，在传承前朝的基础上，不断丰富和强化，呈现出更为写实和精细的特点，为宫廷服饰增添了独特的魅力。

清代凤纹的种类繁多，包括飞凤、双凤、团凤、对凤、变凤等，这些纹样常常与具有吉祥寓意的花草图案相结合，营造出繁密而壮观的视觉效果。凤纹的一个显著特点在于其写实性，细节刻画精细，羽毛栩栩如生，色彩艳丽，彰显出华贵的气息。因其独特的美感和表现力，清代凤纹成为宫廷服饰的标志性纹样，彰显了皇后的尊贵地位和无上权威。

在清代严格的等级制度下，服饰纹样反映出不同阶层的地位和差异。龙凤纹样具有明确的阶级属性，龙作为皇帝的象征地位尊崇，而凤纹则在后宫中广泛应用，与龙纹相比，其地位和重要性有所不同。此外，后宫妃嫔的服饰纹样主要以吉祥纹样为主，寓意着吉祥和美好，常常采用自然界中的植物和动物图案。相比之下，宫女的服饰纹样通常更为简单，以素白为主，体现了宫廷内部严格的等级制度和社会秩序。

通过对清代后宫命妇服饰纹样的分析，我们不仅可以了解当时的审美观念，还能够深入了解清代社会文化和价值观念。这些纹样不仅是服饰的装饰，也是身份地位和社会地位的象征；不仅彰显出封建社会中等级制度的严谨和秩序，也体现了人们对吉祥和美好生活的向往。

（三）文武百官补服纹样

清代的文武百官补服制度是中国历史上独特而精致的服饰文化之一，其精致的纹样展现了官员的等级和身份地位。起初，补服是用于修补破损衣物的装饰性纹样，后来逐渐演变成为官员等级的重要标志。清代在继承并改良了明代的补服制度传统基础上，将补子设计成对称开襟的褂子形式，这种设计不仅方便穿脱和行动，而且更加凸显其独特的审美特点。

在清代，补子的颜色和形状变得更加丰富多彩，通常采用深色系底色，并在周边添加花边纹样，这展示了当时工艺水平的提高以及审美观念的演变。补子纹样在清代被严格划分，文官和武官的补子纹样各有不同，反映了封建社会的严格等级制度。文官的补子主要以鸟类为主题，如一品文官常见的仙鹤，二品文官的锦鸡等；武官则以兽类为主题，如一品武官常见的麒麟，二品武官的狮子等。这些纹样通常位于补子的前胸和后背位置，不仅展示了官员的等级地位，也象征着其对皇帝的忠诚以及对职责的重视。

清代文武百官补服纹样的设计和应用，不仅彰显了当时社会等级制度的严谨，也反映了人们对权力和地位的追求。这些精美的纹样不仅是服饰的装饰，更是官员身份和地位的象征，凝聚着封建社会的权力结构和价值观念。通过对这一独特服饰文化的研究，我们能够更加深入地了解清代社会的政治、文化和审美特点，以及官员们在这一体系中的角色和地位。

第三章

中国元素在不同服装设计要素中的融入与表达

　　中国，一个拥有五千年文明历史的国家，其深厚的文化底蕴为现代服装设计提供了无尽的灵感。近年来，越来越多的设计师开始将中国元素融入服装面料、色彩、款式、图案以及装饰工艺的设计中，以期展现出独特的东方魅力。这种融合不仅是对传统文化的传承，也是对现代设计的一种挑战和创新。在现代服装设计中，中国元素不再仅仅是一种装饰，而是将普遍与现代设计理念相结合，共同构建出具有独特美感和文化内涵的服装作品。设计师们通过运用抽象化、简约化等现代设计手法，对传统元素进行提炼和再创作，使其更加符合现代审美标准。

第一节 中国元素在服装面料设计中的融入与表达

一、服装面料设计分析

服装面料设计是服装设计中至关重要的一环，决定了服装的质感、外观和穿着舒适性。服装面料设计不仅是选择一种材料，而且要根据服装的风格、功能和穿着者的需求，进行综合性的创作和设计。面料的选择和设计直接影响着服装的外观效果。不同的面料质地、纹理、光泽和色彩都会影响服装的整体风格与感觉。面料的透气性、吸湿性、柔软性等因素决定了服装的穿着舒适性。适合的面料设计可以让穿着者感到舒适自在。

二、中式建筑元素在服装面料设计中的融入与表达

（一）褶的运用

中式建筑元素在面料设计中可以通过多种方式表达，其中之一就是褶的运用。褶作为中式建筑中的常见元素，不仅能够为面料增添动感和立体感，同时也承载着丰富的文化内涵。

在中式建筑中，褶的元素常常出现在屋檐、窗棂、屏风等地方，形成独特的线条和层次感。将这些褶的元素巧妙地运用到面料设计中，可以为面料带来独特的中式韵味。具体来说，在面料设计中，可以通过打褶、压褶等手法，将面料塑造出类似中式建筑中的褶皱效果。这种褶皱效果不仅可以增加面料的层次感和立体感，还能够使面料呈现出一种流动感和韵律感，与中式建筑的线条美学相呼应。此外，褶的运用还可以结合中式建筑中的其他元素，如色彩、图案等，共同营造出具有中式特色的面料风格。例如，在面料上运用鲜艳的中式色彩，

同时结合褶皱和云纹、龙纹等中式图案，可以使面料更加生动地展现出中式建筑的韵味和风格。

总的来说，褶的运用是中式建筑元素在面料设计中的一种重要表达方式，能够为面料增添独特的中式美感和文化内涵。通过巧妙地结合中式建筑中的其他元素，可以创作出更加丰富多样的面料风格，满足现代消费者对个性化和文化韵味的需求。

（二）破坏再造

破坏再造是指在面料上运用镂空、分离、抽丝、火烧、移位、腐蚀、撕扯等方法，使面料产生镂空效果或造成原面料的不完整。

自2011年起，优雅的镂空花纹成为复古风格的一个新体现，在2012年四大国际时装周上，各大品牌设计师纷纷展示了最新设计，其中镂空设计成为当年时装周的亮点。中式建筑中的很多装饰元素可以通过破坏再造方法应用在服装中。例如，屋顶侧面的山花装饰图案和屋梁上的绘画图案多为传统吉祥图案或花草图案，可以在设计时选择质地硬挺的面料，根据设计图，通过雕刻或镂空的方式在所要的部位进行镂空雕刻。利用破坏再造方式的设计具有一种虚像感，可以很好地体现女性的柔美，因此在建筑风格的服装细节中应用这种方法可以使服装显得生动活泼。利用破坏再造方法设计时要注意尽量使用抽象图形，因为采用具象图形会显得缺少新意。

（三）熨烫变形

熨烫变形是一种创新的面料处理技术，通过熨烫的方式使面料产生凹凸不平的立体效果，从而模拟中式建筑中的某些特征，为服装增添独特的中式韵味。

1.熨烫变形的原理与特点

熨烫变形是利用高温熨烫工具对面料进行局部加热和挤压，使面料纤维在热力和压力的作用下发生变形和位移，从而形成凹凸不平的立体纹理。这种技术可以改变面料的表面形态，增加面料的层次感和立体感，为服装带来独特的视觉效果。

2. 中式建筑元素与熨烫变形的结合

中式建筑以其独特的线条、结构和装饰元素而著称。将中式建筑元素与熨烫变形相结合，可以使面料呈现出类似中式建筑中的屋檐、窗棂、斗拱等特征的立体效果。例如，通过熨烫变形技术，在面料上模拟中式建筑的檐口线条或窗棂图案，使服装在细节上展现出中式建筑的韵味。

3. 熨烫变形在服装中的应用

熨烫变形技术广泛应用于各类服装面料中，如棉、麻、丝、毛等。通过对面料进行巧妙的熨烫处理，可以使服装呈现出独特的立体纹理和质感。在服装设计中，熨烫变形可以用于局部点缀或整体造型，为服装增添中式建筑风格的韵味和特色。

近年来，越来越多的设计师开始尝试将中式建筑元素与熨烫变形技术相结合，创作出具有独特中式风格的服装作品。这些作品不仅展现出中式建筑的美学魅力，还融合了现代时尚元素，呈现出新颖而富有创意的视觉效果。随着技术的不断发展和创新，未来中式建筑元素与熨烫变形的结合将更加紧密，为服装设计带来更多可能性和创意空间。

总之，熨烫变形是一种具有创新性和实用性的技术手法。通过将中式建筑元素与熨烫变形相结合，可以为服装增添独特的中式韵味和立体效果，提升服装的艺术价值和市场竞争力。

第二节　中国元素在服装色彩设计中的融入与表达

一、服装色彩设计分析

服装色彩设计是服装设计中的一项重要内容，涉及颜色理论、心理学、美学等多个方面。合理的色彩设计不仅能让服装看起来更美观，还能传达出设计师的意图和风格，甚至会影响穿着者的情绪和自信心。

以下是一些关于服装色彩设计的基本要点。

（1）理解颜色理论。包括了解颜色的基本属性，如色相（hue）、饱和度（saturation）和明度（brightness）。同时，也要了解颜色之间的关系，如对比、协调、互补等。

（2）考虑色彩心理学。不同的颜色能引发不同的情绪反应。例如，红色通常被认为充满活力和激情，蓝色则代表平静和稳重。在设计时，要考虑到目标受众和作品期望传达的情绪或信息。

（3）考虑色彩与面料的搭配。不同的面料对颜色的呈现效果也不同。例如，丝绸面料能呈现出更鲜艳的颜色，而棉质面料则可能显得更柔和。

（4）考虑色彩与场合的匹配。不同的场合可能需要不同的色彩设计。例如，正式场合的服装通常会选择更加低调、沉稳的颜色，而休闲场合的服装则可以选择更鲜艳、活泼的颜色。

（5）考虑色彩与流行趋势的结合。时尚界的流行趋势会不断变化，设计师需要关注这些趋势，并将其融入自己的设计中。

（6）实践与创新。在理解以上要点的基础上，尝试进行实践和创新。通过不断的尝试和修改，提高自己的色彩设计能力。

最后要注意的是，服装色彩设计并没有固定的规则，最重要的是要考虑穿着者的需求和喜好，以及设计师自己的风格和理念。

二、中国元素磁州窑在服装色彩设计中的融入与表达

磁州窑在服装色彩设计中的融入与表达，可以赋予服装独特的东方韵味和文化内涵。磁州窑的色彩体系丰富多样，其中黑、白两色是其标志性色彩，具有深厚的哲学思想和审美价值。将这种色彩元素融入服装色彩设计中，可以为服装增添一抹古典与现代交融的美。

（一）磁州窑色彩元素的特点

磁州窑的色彩体系以黑、白两色为主，通过变化丰富的墨色和温润的乳白釉色，形成中调性的黑白对比，给人一种舒适、宁静的视觉美感。这种美感不仅体现在色彩的搭配上，还融入了深厚的哲学思想，如阴阳相生、变化无穷等。

（二）磁州窑色彩元素在服装色彩设计中的融入

在服装设计中，作为最直观的视觉要素，色彩的运用和组合对整体设计效果有着至关重要的作用。色彩可以引发人们的心理反应和情感共鸣。因此在设计过程中，对色彩的巧妙运用往往能够赋予服装作品独特的生命力和艺术魅力。

磁州窑的传统色彩以其丰富多样性和鲜明的地域特色而著称。除了黑、白、灰这些素雅色调，红绿彩绘的艳丽色彩还是构成磁州窑独特艺术风格的重要组成部分。这些高饱和度的色彩在强烈对比中凸显出地域文化的独特韵味，为作品增添了无限的生命力。磁州窑色彩元素在服装色彩设计中的融入方式有以下几种。

（1）色彩提取与重组。从磁州窑的色彩中提取黑、白两色作为主要设计元素，结合现代审美需求，对色彩进行重组和搭配，形成符合现代时尚的服装色彩设计。

（2）色彩对比与统一。通过色彩的对比，可以形成高反差的视觉效果，从而突出服装的主题和风格，而在这种对比中，还需要寻求内在的统一性，以保证整体设计的和谐与协调。这种统一性有时体现在服装外在差异下的细微共性特征，这些共性特征正是服装趣味艺术的

体现。同时这种对比与统一的原则在磁州窑的色彩运用中也有所体现。

（3）与其他元素相结合。在服装色彩设计中，可以将黑、白两色与其他中国传统元素相结合，如刺绣、扎染等工艺手法，形成更具文化内涵的服装色彩设计。

以英国高级时装品牌亚历山大曼昆（Alexander McQueen）某年春夏女装系列为例，其色彩运用与磁州窑的经典表现手法有着异曲同工之妙。高明度的色彩反差与图案的结合，形成了强烈的视觉效果，既突出了服装的设计主题，又彰显了女性的线条美。这种色彩搭配方式与磁州窑黑白刻梅瓶的神似之处在于，不仅在色彩对比上体现了设计师的匠心独运，也在服装的结构组合与叠加中展现出精致而简约的设计理念。

（三）磁州窑色彩元素在服装色彩设计中的表达效果

（1）增添东方韵味。磁州窑的黑、白两色具有独特的东方韵味，将其融入服装色彩设计中，可以使服装呈现出一种古典与现代交融的美感。

（2）传达文化内涵。通过黑、白两色的运用，可以传达出中国传统的哲学思想和审美观念，使服装具有更深厚的文化内涵。

（3）提升服装价值。磁州窑色彩元素的融入可以提升服装的艺术价值和文化品位，使服装更具市场竞争力。

磁州窑作为中国传统艺术的重要组成部分，其色彩元素在服装色彩设计中的融入与表达具有重要意义。随着人们对传统文化认同感的加深和审美需求的多样化发展，未来磁州窑色彩元素在服装色彩设计中的应用将更加广泛和深入。设计师们需要不断挖掘磁州窑色彩的艺术价值和文化内涵，创新设计手法和表现形式，将传统与现代相结合，打造出更多具有独特魅力和市场竞争力的服装作品。

综上所述，色彩在服装设计中的运用和组合是一门艺术，需要设计师具备敏锐的审美眼光和丰富的创作力。通过借鉴传统艺术中的色彩元素和表现手法，如磁州窑的色彩艺术，设计师可以为服装作品注入新的生命力和文化内涵，从而创作出更具艺术魅力和市场竞争力的服装作品。

第三节　中国元素在服装款式设计中的融入与表达

一、服装款式设计分析

服装款式设计是服装设计的核心部分，决定了服装的整体外观和风格。款式设计涉及对服装的形状、结构、线条、轮廓以及细节元素的综合考虑。以下是对服装款式设计分析的几个方面。

（一）款式与人体工学

服装款式设计需要紧密贴合人体工学，确保服装在穿着时既舒适又美观。

考虑人体的不同部位，如胸部、腰部、臀部、腿部等，以及人体的动态和静态状态，设计出符合人体曲线的服装。

（二）轮廓与线条

服装的轮廓决定了其外观的整体形状，如 A 型、H 型、X 型等。

线条的运用对创作动感和引导视线至关重要，可以通过直线、曲线、斜线等线条的运用来强调或弱化服装的某个部分。

（三）结构与比例

服装的结构包括省道、分割线、褶皱等，这些设计元素能够塑造服装的三维效果。比例关系同样重要，如上衣与裙子的长度比例、领口与袖子的宽度比例等，都会影响服装的整体观感。

（四）细节元素

领口、袖口、口袋、纽扣等细节元素，能够为服装增添特色，使其更具个性化和时尚感。同时细节设计也需要与整体款式相协调，不能过于突兀或过于简单。

（五）流行趋势与经典元素

服装款式设计需要考虑当前的流行趋势，以吸引消费者的目光。同时，经典元素也是不可忽视的，它们能够为服装增添时间和空间的跨度，使其更具持久性。

（六）功能性与审美性

服装不仅要美观，还需要满足一定的功能性需求，如保暖、防晒、防水等。设计师需要在满足功能性的基础上，追求审美性的提升，使服装既实用又好看。

（七）目标受众

不同年龄、性别、职业、文化背景的人群对服装款式的需求是不同的。设计师需要深入了解目标受众的需求和喜好，设计出符合他们需求的服装款式。

总之，服装款式设计是一个综合性的过程，需要设计师具备扎实的专业知识、敏锐的观察力和丰富的想象力。通过不断的实践和创新，设计师可以提升自己的服装款式设计能力，给消费者带来更多美观且实用的服装作品。

二、中式建筑元素在服装款式设计中的融入与表达

（一）中式建筑元素在服装廓形中的设计应用

中式建筑元素在服装廓形中的设计应用，是一种将传统建筑美学与现代服装设计理念相融合的创新方式。通过将中式建筑元素巧妙地融入服装廓形中，可以为服装增添独特的文化底蕴和艺术魅力。

1. 服装廓形的概念与分类

服装的廓形是指服装外部造型的剪影，其决定了服装的整体印象和风格特点。按字母型分类，服装廓形主要有 H 型、A 型、T 型、O 型和 X 型等。每种廓形都有其独特的特点和适用场合，如 H 型廓形注重肩、腰、臀等部位的宽度平衡，呈现出直线条的简洁感；A 型廓形则强调上窄下宽的造型，凸显女性的优雅气质。

2. 中式建筑元素在服装廓形中的应用方法

（1）提炼与转化：将中式建筑元素进行提炼和转化，使其符合服装廓形的设计要求。例如，可以从中式建筑的屋顶、门窗、斗拱等元素中提取线条和形状，然后将其简化、变形或重组，形成适合用于服装廓形的图案或结构。

（2）结合与融合：将提炼后的中式建筑元素与服装廓形相结合，实现两者的有机融合。这可以通过在服装的肩部、腰部或裙摆等部位运用中式建筑元素的线条和形状来实现，也可以在服装的整体剪裁上采用中式建筑的对称和平衡原则。

以一款中式风格的连衣裙为例，设计者可以在裙子的肩部采用中式建筑中的飞檐元素，通过剪裁和缝制技巧将其巧妙地融入裙子的廓形中。同时，在裙摆处可以运用中式建筑的窗棂图案进行装饰，使裙子在整体上呈现出独特的中式韵味。此外，设计者还可以考虑在裙子的腰部加入中式建筑的斗拱元素作为装饰细节，进一步凸显中式风格

的特点。

3.注意事项与未来趋势

在应用中式建筑元素进行服装廓形设计时，需要注意以下几点：首先，要确保提炼和转化的中式建筑元素与服装的整体风格和定位相符合。其次，要注重元素与廓形的有机融合，避免生硬地堆砌元素。最后，要关注服装的实用性和舒适性，确保设计既美观又实用。

随着消费者对个性化和文化韵味的需求不断增加，中式建筑元素在服装廓形设计中的应用将呈现出更加多元化和创新性的趋势。未来，设计者可以进一步挖掘中式建筑元素的内涵和表现形式，将其与现代服装设计理念相结合，创作出更多具有独特魅力和市场竞争力的服装作品。

（二）中式建筑元素在服装内部结构中的设计应用

中式建筑元素在服装内部结构中的设计应用，是一种将传统建筑美学与现代服装设计理念相结合的创新尝试。通过将中式建筑元素巧妙地融入服装内部结构中，可以为服装增添独特的文化底蕴和艺术魅力。

1.均衡中的表达

在建筑设计中，均衡是一条重要的美学原则，其主要研究建筑物各部分之间的轻重关系。这种均衡并非一定是对称平衡，而是通过建筑构件的组合、搭配，利用其在视觉中作用于人的心理，给人以安全、平稳的感觉。同样，在服装设计中，均衡也是一条重要的设计原理。

将中式建筑元素应用在服装内部结构中时，设计者可以借鉴建筑均衡的原则，通过巧妙地运用中式建筑元素，使服装在视觉上达到均衡的效果。例如，可以在服装的左右两侧或前后部分采用相同或相似的中式建筑元素，如对称的云纹、龙纹等图案，或者采用相同颜色和材质的面料进行搭配，从而形成视觉上的均衡感。此外，设计者还可以通过调整中式建筑元素的大小、位置和数量等来实现服装内部结构的均衡。例如，在服装的某个部位采用较大的中式建筑元素作为焦点，而在其他部位则采用较小或较简单的元素进行点缀和平衡。

除了均衡原则，设计者还可以采用其他方法来将中式建筑元素应用在服装内部结构中。例如，可以运用中式建筑中的线条元素来勾勒服装的轮廓和内部结构线条；可以采用中式建筑中的结构形式来设计服装的省道、分割线等；可以将中式建筑中的装饰元素，如雕花、镂空等手法，运用在服装的细节处理上。

总之，通过将中式建筑元素巧妙地融入服装内部结构中，可以为现代服装设计增添独特的文化底蕴和艺术魅力。未来随着消费者对个性化和文化韵味的需求不断增加，中式建筑元素在服装内部结构中的应用将呈现出更加多元化和创新性的趋势。设计者需要不断挖掘中式建筑元素的内涵和表现形式，将其与现代服装设计理念相结合，创作出更多具有独特魅力和市场竞争力的服装作品。

2. 韵律与比例的交错

中式建筑元素在品牌服装款式中采用韵律与比例的应用方法，是一种将传统建筑美学与现代服装设计理念相融合的创新方式。这种方法不仅注重服装的空间造型效果，还通过连续有节奏的建筑元素图案或造型特点，以点、线、面的方式满足服装与人体比例的关系，使服装体现出中国建筑的立体感。

（1）韵律的应用

在服装设计中，韵律是指通过有规律的变化和重复，形成视觉上的节奏感和动感。中式建筑元素中的图案、线条和色彩等都可以作为韵律的构成元素。例如，云纹、龙纹等中式图案可以以连续的方式出现在服装的边缘、袖口、领口等部位，形成流动的韵律感。同时，线条的粗细、曲直、疏密等变化也可以构成韵律，使服装在视觉上呈现出动态的效果。此外，色彩的交错搭配也是实现韵律感的重要手段，通过巧妙地运用中式建筑中的色彩元素，如红、黄、绿等鲜艳色彩，可以在服装上形成色彩的对比和呼应，从而增强服装的视觉冲击力和韵律感。

（2）比例的应用

比例是指服装各部分之间的尺寸关系。在服装设计中，合理的比例可以使服装更加符合人体工学原理，同时也能够提升服装的美感和舒适度。中式建筑元素在服装款式中的应用也需要考虑比例关系。例如，在运用中式建筑元素进行装饰时，需要注意装饰物的大小、位置和数量等与服装整体的比例关系，避免过于复杂或过于简单的设计。此外，在服装的剪裁和版型设计中，也可以借鉴中式建筑的比例关系。例如，中式建筑的檐口线条和窗棂图案等可以作为服装剪裁的灵感来源，通过巧妙地运用这些元素，可以使服装在版型上更加符合人体曲线，同时也能够凸显中式建筑的风格特点。

3. 强调与整体的和谐

在服装设计中，强调与整体的和谐是一个非常重要的原则。这意味着在设计过程中，设计者需要有意识地突出某些部位或元素，以吸引视觉注意，增强服装的趣味性和吸引力，同时确保这些突出部分与整体设计风格的和谐统一。

（1）强调的运用

强调在服装设计中的运用可以通过多种方式实现。一种常见的方法是突出服装上的某一部件，如领口、袖口、腰部等，通过独特的造型、色彩或图案设计，使其成为视觉的焦点。另一种方法是通过设计要素强调身体的某一部位，如通过紧身或宽松的设计突出腰部曲线，或通过褶皱和层次设计强调胸部或臀部的立体感。然而，需要注意的是，强调的运用并不意味着简单的堆砌或无序的添加，设计者需要运用抽象思维，将元素化繁为简，以确保突出部分与整体设计的和谐统一。同时，强调的位置和大小比例也需要精心考虑，以确保其既能够吸引视觉注意，又不会破坏整体的美感。

（2）与整体的和谐

在服装设计中，强调与整体的和谐是密不可分的。强调的运用需要考虑服装的整体风格和氛围，以确保突出部分与整体设计相互呼应。例如，在一款以简约风格为主的品牌服装中，过于复杂或夸张的强调设计可能会显得格格不入，简洁而精致的强调则可能更加符合整体的设计风格。此外，设计者还需要考虑强调的运用是否与其他款式构成系列化。在品牌服装设计中，系列化是一种重要的设计策略，可以确保不同款式之间的和谐统一，形成品牌的独特风格。因此，在运用强调时，设计者需要思考如何将其融入系列化的设计中，以实现整体的和谐美。

强调与整体的和谐是服装设计中不可或缺的原则。通过巧妙地运用强调手法，设计者可以打造出独特而吸引人的服装作品。同时，通过确保强调与整体的和谐统一，设计者可以创作出具有系列感和品牌特色的服装。随着消费者对个性化和审美需求的不断提升，未来强调与整体的和谐原则将在服装设计中发挥更加重要的作用。

第四节　中国元素在服装图案设计中的融入与表达

一、服装图案设计分析

服装图案设计是服装设计的重要组成部分，它不仅能够为服装增添美感和个性化，还能够传达设计师的创意和风格。以下是对服装图案设计进行分析的几个方面。

（一）图案与服装风格的协调

图案设计需要与服装的整体风格相协调，无论是简约、复古、浪漫还是前卫，图案都应当与服装的款式、色彩和面料相匹配。例如，在简约风格的服装中，图案更加简洁、抽象或几何化，而在浪漫风格的服装中，图案更加细腻、柔美和富有故事性。

（二）图案的寓意与象征

图案往往承载着特定的寓意和象征意义，这些意义可能与文化、历史、宗教或社会习俗有关。设计师需要了解并考虑这些图案的寓意和象征，以确保图案与服装的主题和穿着者的期望相符合。

（三）图案的尺度与比例

图案的大小、形状和分布都需要经过精心的设计，以确保它们在服装上呈现出最佳的视觉效果。设计师需要考虑到图案尺度与服装的尺寸、款式和穿着者的体型之间的关系，以确保图案不会显得过于拥挤或过于稀疏。

（四）图案的色彩与搭配

色彩是图案设计中非常重要的因素，它不仅能够影响图案的视觉效果，还能够与服装的整体色彩相协调或形成对比。设计师需要了解色彩的基本原理和心理学的相关知识，以选择适合图案和服装的色彩，并考虑色彩之间的搭配和过渡。

（五）图案的工艺与实现

图案的实现需要依赖特定的工艺和技术，如印花、刺绣、织花等。设计师需要了解这些工艺的特点和限制，以确保图案能够在服装上得到完美的呈现。

（六）图案的创新与个性化

在设计图案时，创新和个性化非常重要。设计师需要关注当前的流行趋势和消费者的需求，同时结合自己的创意和风格，设计出独特而富有吸引力的图案。

总之，服装图案设计是一个综合性的过程，需要设计师具备扎实的专业知识、敏锐的审美眼光和丰富的创意思维。通过不断的实践和创新，设计师可以提升自己的图案设计能力，为消费者带来更多美观且个性化的服装作品。

二、云纹在服装图案设计中的融入与表达

云纹作为中国传统的装饰图案，历史悠久，其独特的艺术美感和文化内涵使其在现代服装图案设计中具有广泛的应用价值。将云纹融入服装图案设计，不仅可以为服装增添独特的东方韵味，还能传承和弘扬中国传统文化。

（一）云纹的艺术美感与文化内涵

云纹以流动自如的曲线、变幻无常的形态，展现出独特的艺术美感。在中国传统文化中，云纹常被赋予吉祥、如意、高升等美好寓意，成为表达人们追求幸福、自由精神的重要载体。

（二）云纹在服装图案设计中的融入方式

（1）直接运用：将传统云纹图案直接运用于服装上，通过刺绣、印花等工艺手法，使云纹与服装面料相结合，呈现出独特的视觉效果。

（2）变形与重组：对传统云纹进行变形、重组等创新设计，打破原有图案的局限性，创作出更具现代感的云纹图案，使其更符合现代审美需求。

（3）与其他元素结合：将云纹与其他中国传统元素，如龙、凤、牡丹等相结合，形成更具文化内涵和象征意义的图案设计，丰富服装的文化内涵。

（三）云纹在服装图案设计中的表达效果

将云纹运用到服装图案设计当中会增添如下效果。

（1）增添东方韵味：云纹的运用使服装呈现出独特的东方韵味，彰显出中国传统文化的魅力。

（2）传达美好寓意：通过云纹图案的融入，服装传达出吉祥、如意等美好寓意，满足了人们对美好生活的向往和追求。

（3）提升服装价值：云纹图案的设计和运用提升了服装的艺术价

值和文化内涵，使服装更具市场竞争力。

（四）云纹在不同风格服装中的应用

在古典风格服装中，云纹可以作为主要的图案元素，通过刺绣等工艺手法在旗袍、汉服等服饰上展现出优雅端庄的韵味。

在现代简约风格服装中，可以将云纹进行抽象化处理，以线条或色块的形式呈现于服装上，为简约的款式增添一抹东方风情。

在民族风格服装中，云纹可以与各民族的传统图案相结合，形成具有独特地域文化的服饰图案设计。

作为中国传统装饰图案的重要组成部分，云纹在服装图案设计中的融入与表达具有重要意义。随着人们对传统文化认同感的加深和审美需求的多样化发展，未来云纹在服装图案设计中的应用将更加广泛和深入。设计师们需要不断挖掘云纹的艺术价值和文化内涵，创新设计手法和表现形式，将云纹与现代审美理念相结合，打造出更多具有独特魅力和市场竞争力的服装作品。

第五节　中国元素在服装装饰工艺设计中的融入与表达

作为中华文化的瑰宝，中国元素具有深厚的历史底蕴和独特的艺术魅力。在服装装饰工艺设计中，融入中国元素不仅可以展现服饰的东方韵味，还能够传承和弘扬中华文化。

一、服装装饰工艺设计分析

服装装饰工艺设计是服装设计中不可或缺的一环，它通过运用各种装饰手法和工艺技巧，为服装增添美感、层次感和个性化。以下是对服装装饰工艺设计分析的几个方面。

（一）装饰工艺与服装风格的统一

装饰工艺的设计需要与服装的整体风格相统一，无论是现代简约、复古宫廷还是民族风情，装饰工艺都应当与服装的款式、色彩和面料相协调。例如，现代简约风格的服装，装饰工艺可能更加简洁、线条流畅，而复古宫廷风格的服装，装饰工艺可能更加华丽、繁复。

（二）装饰工艺的创新与独特性

设计师需要关注当前的流行趋势和消费者的需求，同时结合自己的创意和风格，设计出独特而富有吸引力的装饰工艺。创新是装饰工艺设计的核心，设计师可以通过尝试不同的材料、手法和技巧，创作出新颖、独特的装饰效果。

（三）装饰工艺的功能性与实用性

除了美观性，装饰工艺还需要具备一定的功能性和实用性。例如，某些装饰性细节可以为服装增添层次感和立体感，同时也能起到固定衣物、方便穿着的作用。设计师需要在满足功能性的基础上，追求装饰工艺的美观性和独特性。

（四）装饰工艺与服装结构的融合

装饰工艺需要与服装的结构相融合，成为服装整体设计的一部分。设计师需要考虑装饰工艺与服装的裁剪、缝制等工艺环节的配合，确保装饰工艺能够与服装完美融合。

（五）装饰工艺的可实现性与成本控制

在设计装饰工艺时，设计师需要考虑工艺的可实现性和成本控制。不同的装饰工艺需要不同的材料、工具和技术支持，同时也需要考虑生产效率和成本等因素。设计师需要在满足设计需求的同时，尽量选择可行性强、成本合理的装饰工艺。

总之，服装装饰工艺设计是服装设计中不可或缺的一环，它能够为服装增添美感、层次感和个性化。设计师不但需要具备扎实的专业知识、敏锐的审美眼光和丰富的创意思维，还需要考虑到工艺的可实现性和成本控制等因素。通过不断的实践和创新，设计师可以提升自己的装饰工艺设计能力，为消费者带来更多美观且实用的服装。

二、刺绣在服装工艺设计中的融入与表达

刺绣，这一具有悠久历史的传统工艺，以精湛的技艺和丰富的文化内涵，在服装工艺设计中占据了举足轻重的地位。将刺绣融入服装工艺设计，不仅可以提升服装的艺术价值，还能体现出服装独特的文化韵味。

（一）刺绣的艺术美感与文化内涵

刺绣以其细腻的线条、精美的图案和丰富的色彩，展现出独特的艺术美感。在中国传统文化中，刺绣常被赋予吉祥、如意、美满等美好寓意，成为表达人们追求幸福生活的重要载体。同时，不同地域、不同民族的刺绣风格各异，也为服装工艺设计提供了丰富的灵感来源。

（二）刺绣在服装工艺设计中的融入方式

（1）直接运用。将传统刺绣图案直接运用于服装上，通过精湛的刺绣工艺，使图案与服装面料完美结合，呈现出独特的视觉效果。这种方式常用于旗袍、汉服等古典风格服装的设计中。

（2）变形与重组。对传统刺绣图案进行变形、重组等创新设计，打破原有图案的局限性，创作出更具现代感的刺绣图案。这种方式可以使传统刺绣与现代审美需求相结合，满足现代人对服装的个性化追求。

（3）与其他元素结合。将刺绣与其他传统元素如扎染、蜡染等相结合，形成更具文化内涵和象征意义的图案设计。这种融合可以使服

装呈现出多层次的美感，丰富服装的艺术表现力。

（三）刺绣在服装工艺设计中的表达效果

（1）提升服装的艺术价值。刺绣的精湛技艺和丰富图案为服装增添了独特的艺术魅力，使服装成为一件具有观赏价值的艺术品。

（2）传达文化内涵。刺绣图案的运用可以使服装传达出深厚的文化内涵和象征意义，使穿着者在享受美感的同时，感受到传统文化的熏陶。

（3）丰富服装的风格。刺绣的多样性和灵活性为服装工艺设计提供了广阔的创作空间，使服装风格更加丰富多彩。无论是古典优雅还是时尚前卫，刺绣都能与之完美融合。

作为中国传统工艺的重要组成部分，刺绣在服装工艺设计中的融入与表达具有重要意义。随着人们对传统文化认同感的加深和审美需求的多样化发展，未来刺绣在服装工艺设计中的应用将更加广泛和深入。设计师们需要不断挖掘刺绣的艺术价值和文化内涵，创新设计手法和表现形式，将传统与现代相结合，打造出更多具有独特魅力和市场竞争力的服装作品。同时，我们还应关注刺绣工艺的传承与发展，让这一传统技艺在新的时代焕发出更加绚丽的光彩。

第四章

服装设计中对不同中国元素的提取与转化

　　对一个服装设计者而言，日常生活中的各种形态都是潜在的灵感来源。花草树木、山川河流等自然形态，以及人工形态中的工业品、装饰品等，都可以为服装设计提供无尽的创意。中国的传统文化更是一个巨大的设计宝库，其中包含了丰富的视觉元素和象征意义，如书画元素、刺绣元素、瓷器元素、剪纸元素、中式建筑元素、戏曲元素等，它们都是中国传统文化的重要表现形式，也都可以经过提取和转化，应用到服装设计中。

第一节　书画元素在服装设计中的提取与转化

一、书法元素在服装设计中的提取与转化

（一）书法艺术

书法艺术是中国传统文化的重要组成部分，是以汉字为表现对象，以毛笔为书写工具，通过墨迹、线条、结构、章法等方式表现汉字的美感，抒发作者情感的一种艺术形式。

书法艺术历史悠久，可以追溯到古代的甲骨文和金文。随着汉字的发展和演变，书法艺术逐渐形成了篆、隶、楷、行、草五种基本字体，并发展出了多种流派和风格。从古代的王羲之、颜真卿，到现代的启功、沙孟海等，历代书法大师的作品都是中华文化的瑰宝。

书法艺术不仅具有极高的审美价值，还蕴含着丰富的文化内涵。在书法作品中，不仅可以看到汉字的形态美，还可以感受到作者的情感、思想、气韵和风格。同时，书法艺术也是中国传统文化的重要载体之一，通过书法作品可以了解中国历史、文化、哲学等方面的信息。

在当今社会，书法艺术依然受到广泛的关注和喜爱。越来越多的人开始学习书法、欣赏书法，并将其应用于生活和工作中。书法艺术不仅成为一种时尚和生活方式，更是传承和弘扬中华文化的重要途径之一。

（二）书法艺术与服装设计艺术融合的可行性

书法艺术与服装设计艺术的融合是可行的，主要有以下几个方面的原因。

1. 文化内涵的共通性

书法和服装设计都是艺术的一种表现形式，都蕴含着丰富的文化内涵。将书法艺术融入服装设计中，不仅可以增加服装的文化内涵，同时也能通过服装这个载体更好地传播和弘扬书法艺术。

2. 艺术审美的相通性

书法艺术和服装设计艺术在审美上有许多相通之处。书法艺术的线条美、结构美、章法美等都可以为服装设计提供灵感和借鉴。同时服装设计对色彩、款式、面料等元素的运用也可以为书法艺术提供新的表现方式。

3. 创新设计的需求

在现代社会，人们对服装的需求已经不仅仅是实用，更多的是追求个性化和时尚感。将书法艺术融入服装设计中，可以打破传统的服装设计模式，创作出更具个性和时尚感的服装。

4. 传统文化的传承与发展

书法艺术和服装设计艺术都是中国传统文化的重要组成部分。将两者融合起来，既是对传统文化的传承，也是对传统文化的发展和创新。这种融合可以让更多的人了解和喜爱中国传统文化，促进传统文化的传播和发展。

综上所述，书法艺术与服装设计艺术的融合是可行的，这种融合不仅可以增加服装的文化内涵和艺术审美价值，同时也可以为传统文化的传承和发展注入新的活力。在实际操作中，可以通过对书法艺术和服装设计艺术的深入研究，找到两者的结合点，创作出更具个性和时尚感的服装作品。

（三）书法元素在服装设计中的提取

根据服装设计的主题和风格，选择与之相符的书法作品。例如，如果设计主题是传统与现代的融合，就可以选择既有传统韵味又不失现代感的书法作品。

1.提取书法线条与结构

从选定的书法作品中，提取独特的线条和结构。这些线条和结构可以是书法的笔画、笔顺、字形等，它们具有独特的艺术魅力和表现力。提取时，要注意保持线条和结构的流畅性和完整性，以便在服装设计中更好地运用。

2.色彩提取与搭配

除了线条和结构，书法的墨色也是设计师可以提取的重要元素。设计师可以根据书法作品的墨色深浅、浓淡变化，提取出相应的色彩，并运用到服装的色彩设计中。同时，还可以考虑将书法元素与其他色彩进行搭配，创作出独特的视觉效果。

3.意境与神韵的提取

书法作品往往蕴含着深远的意境和神韵，这是书法艺术的独特魅力所在。设计师在提取书法元素时，要深入理解和感受书法作品所表达的意境和神韵，并将其融入服装设计中。这可以通过服装的款式设计、面料选择、细节处理等方面来实现。

需要注意的是，在提取书法元素时，设计师要保持对原创的尊重，避免简单的模仿和抄袭。同时，还要考虑元素的实用性和可穿性，确保提取的元素能够在服装设计中得到合理的运用和展现。在实际的设计过程中，设计师可以根据自己的创作理念和实际需求进行灵活调整和运用。巧妙地提取和运用书法元素，可以为服装设计增添独特的艺术魅力和文化底蕴。

（四）书法艺术的形式与内容在服装设计中的应用

1、书法艺术的形式在服装设计中的应用

书法艺术的形式在服装设计中的应用是多方面的，"点线面"、结体取势、章法布局以及墨色变化等元素都可以在服装设计中找到相应的应用方式。以下是这些元素在服装设计中的具体应用。

（1）"点线面"在服装设计中的应用

点、线、面是书法艺术的基本构成元素，也是服装设计中的重要构成要素。在服装设计中，点可以表现为图案、装饰等细节元素；线可以体现为服装的轮廓线、分割线、褶皱线等；面则是服装的整体形态和布局。

通过巧妙运用"点线面"的组合和变化，设计师可以创作出丰富多样的服装造型和视觉效果。例如，利用线条的流畅性和方向性，可以强调服装的动感和韵律感；通过点的聚集和分散，可以形成有节奏感的图案和装饰。

（2）结体取势在服装设计中的应用

结体取势是指书法中单字的结体构成和整体布局的安排。在服装设计中，结体取势的应用可以体现为对服装款式的创新和改良。

设计师可以借鉴书法中不同字体的结体特点，将其运用到服装的剪裁和版型设计中。例如，借鉴草书字体的动感和流畅性，设计出具有飘逸感的服装款式；借鉴楷书字体的稳健和端庄感，设计出具有正式感的服装款式。

（3）章法布局在服装设计中的应用

章法布局是指书法作品中字与字、行与行之间的排列和组织方式。在服装设计中，章法布局的应用可以体现为对服装图案和装饰元素的组织和安排。

设计师可以借鉴书法中章法布局的原则和技巧，将图案和装饰元素按照一定的规律和节奏进行排列和组合。例如，利用对称、均衡等原则来安排图案的位置和大小；通过重复、渐变等手法来形成有层次感和动态感的装饰效果。

（4）墨色变化在服装设计中的应用

墨色变化是书法艺术中的重要表现手段之一，通过墨色的浓淡、干湿、快慢等变化来表现出丰富的艺术效果。在服装设计中，墨色变化的应用可以体现为对服装色彩的处理和运用。

设计师可以借鉴书法中墨色变化的技巧和原则来丰富服装的色彩层次与视觉效果。例如，利用渐变的手法来过渡不同的色彩；通过对比的手法来突出某一色彩或图案的视觉效果；运用留白的手法来营造出简约而富有意境的服装风格。

综上所述，书法艺术的形式在服装设计中的应用是多方面的，通过巧妙运用点线面、结体取势、章法布局以及墨色变化等元素，设计师可以创作出既具有传统文化韵味又富有现代时尚感的服装作品。

2. 书法艺术的内容在服装设计中的应用

（1）哲学精神与服装设计

书法艺术不仅是线条和形状的艺术，它还深深地根植于中国的哲学思想中，尤其是道家和儒家的哲学观念。这些哲学精神在很大程度上既影响了书法的创作理念和审美标准，也为服装设计提供了丰富的灵感来源。

在服装设计中，设计师可以借鉴书法艺术的哲学精神，将其融入服装的款式、色彩、面料等各个方面。例如，道家追求自然、简约和和谐，这种理念可以引导设计师设计出线条流畅、色彩素雅、剪裁自然的服装，强调服装与人体、服装与环境之间的和谐关系。儒家则注重秩序、礼仪和典雅，这种理念可以启发设计师在服装设计中注重细节处理，追求服装的精致感和品质感。

（2）书法艺术的文化意味与服装设计

作为中国传统文化的重要组成部分，书法艺术具有深厚的文化意味和历史积淀。从甲骨文、金文到行书、草书，每一种字体都承载着特定的历史文化信息，都体现了不同时代的审美观念和艺术风格。

在服装设计中，设计师可以挖掘书法艺术的文化意味，将其作为设计元素或设计主题，创作出具有文化内涵和艺术价值的服装作品。例如，设计师可以从古代的书法作品中提取相关元素，将其运用到现代服装的设计中，实现传统与现代的融合；或者将某种字体的特点作为设计灵感,创作出独特的服装款式和风格。

此外,书法艺术的文化意味还可以为服装设计提供情感表达的载体。例如,在设计具有中国传统文化韵味的礼服或民族服饰时,运用书法艺术元素可以增添服装的文化底蕴和情感色彩,使服装成为传递文化信息和情感交流的媒介。

综上所述,书法艺术的内容在服装设计中的应用是多方面的,通过挖掘书法艺术的哲学精神和文化意味,设计师可以创作出既具有艺术价值又富有文化内涵的服装作品。

(五)书法作品的意蕴与风格在服装设计中的应用

1. 书法作品的意蕴在服装设计中的应用

书法作品的意蕴是指作品所蕴含的深层含义、情感以及文化精神。在服装设计中,应用书法作品的意蕴可以赋予服装更丰富的文化内涵和情感表达。

首先,书法作品的意蕴常常体现在其所书写的文字内容上,这些文字往往承载着历史、文化、哲理等多种信息。在服装设计中,设计师可以将这些具有特殊含义的文字以图案、刺绣、印花等形式呈现在服装上,使服装不仅是一种穿戴品,更是一种文化的载体和情感的传达工具。

其次,书法作品的意蕴可以体现在笔墨的运用上。不同的笔墨技法可以表现出不同的情感和意境,如浓墨重彩可以表现出豪放奔放的情感,淡墨轻描则可以表现出清新脱俗的意境。在服装设计中,设计师可以借鉴书法作品的笔墨技法,通过运用不同的面料、色彩和剪裁手法来表现出不同的情感和意境,使服装更具艺术感和感染力。

2. 书法作品的风格在服装设计中的应用

书法作品的风格是指作品在书写过程中所表现出来的独特艺术风貌和个性特征。不同的书法家或不同的书法流派都有其独特的风格特点,如行书的流畅自然、楷书的端庄工整、草书的狂放不羁等。

在服装设计中，对书法作品风格的应用可以体现出服装独特的艺术魅力和个性特征。设计师可以根据服装的主题和风格需求，选择与之相契合的书法作品风格作为设计灵感来源。例如，对简约现代风格的服装，设计师可以选择具有现代感的行书或草书风格来增添服装的动感和韵律感；对传统典雅风格的服装，则可以选择端庄工整的楷书风格来强调服装的正式感和品质感。

此外，设计师还可以将不同书法风格的元素进行融合和创新，创作出更具独特性和时尚感的服装款式。通过巧妙运用书法作品的风格特点，设计师可以使服装在视觉上更具吸引力和辨识度，同时也能够提升服装的艺术价值和审美品位。

二、中国水墨画元素在服装设计中的提取与转化

（一）中国水墨画艺术

1. 中国水墨画的含义

中国水墨画是中国传统绘画的重要组成部分，具有悠久的历史和深厚的文化底蕴。它以水和墨为主要原料，通过运用不同的笔墨技法和表现方式，描绘出自然景物、人物形象等生动而富有韵味的画面。

2. 中国水墨画的特点

中国水墨画的特点之一是注重笔墨的韵味和意境的营造。画家通过掌握水和墨的混合程度、运笔的力度和速度等技巧，创作出丰富多变的笔墨效果，表现出自然景物的神韵和人物的内心世界。同时，水墨画还追求画面的气韵生动和意境深远，通过留白、虚实等手法，营造出一种空灵、悠远的艺术境界。

中国水墨画的另一个特点是多样性和包容性。在漫长的发展过程中，水墨画不断吸收和融合其他绘画形式的元素和技法，形成了多种

风格和流派。无论是山水画、花鸟画还是人物画，都有着各自独特的艺术魅力和表现方式。同时，水墨画还与其他艺术形式，如诗歌、书法等，相互借鉴、相互影响，共同构成了中国传统文化的瑰丽宝库。

3. 中国传统水墨画与当代水墨画

中国传统水墨画与当代水墨画之间存在一些显著的区别，主要体现在以下几个方面。

（1）历史背景与文化内涵

中国传统水墨画具有悠久的历史背景和深厚的文化内涵。它源自古代，是中国传统文化的重要组成部分，承载着丰富的历史信息和古代社会的价值观念、审美趣味。每一幅传统水墨画都是历史的见证，通过画中的人物、景物等，展现出古代社会的风貌和人们的生活场景。

相比之下，当代水墨画则产生于现代社会背景之下，受到多元文化的影响。它不仅继承了传统水墨画的某些元素和技法，还融入了现代艺术的理念和表现方式，呈现出更加多样化和创新性的面貌。

（2）技法与表现方式

中国传统水墨画以笔墨为主要表现手段，注重笔墨的韵味和意境的营造。画家通过运用不同的笔墨技法，如勾、皴、点、染等，来表现自然景物和人物形象，追求笔墨的干湿浓淡、快慢徐疾等变化所带来的艺术效果。

当代水墨画则在继承传统笔墨技法的基础上，进行了大胆的创新和尝试。它不仅运用了更加丰富的材料和工具，如丙烯、水彩、油画棒等，还引入了现代艺术的构成元素和表现手法，如抽象、拼贴、拓印等，使得当代水墨画在技法上更加多样化和自由。

（3）主题与审美取向

中国传统水墨画的主题多为山水、花鸟、人物等自然景物和传统文化元素，强调对自然和人文的关怀与表现。在审美取向上，传统水墨画追求高雅、超脱的艺术境界，注重画面的气韵生动和意境深远。

当代水墨画更加注重对现实社会和人文精神的关注和表现。它的主题更加广泛和多样，包括都市景观、生活场景、历史事件等，反映出现代社会的多样性和复杂性。在审美取向上，当代水墨画追求个性化和创新性的表达，注重画面的视觉冲击力。

（4）市场与收藏价值

中国传统水墨画具有深厚的历史底蕴和文化内涵，因此在艺术品市场上具有较高的收藏价值和投资潜力，许多水墨画作品已成为珍贵的文物和艺术瑰宝，备受藏家和投资者的青睐。中国水墨画艺术的价值不仅在于其审美功能，更在于其文化传承和精神内涵。作为中国传统文化的重要载体之一，水墨画承载着丰富的历史信息和民族精神。通过欣赏和学习水墨画作品，人们可以深入了解中国传统文化的精髓和内涵，感受中华民族的智慧和创作力。

当代水墨画虽然具有一定的市场价值，但相对传统水墨画来说，其收藏群体和投资市场尚未完全成熟。不过，随着当代艺术的不断发展和人们对现代艺术理念的认同，当代水墨画的市场前景将逐渐广阔。

在当代社会，中国水墨画艺术依然保持着旺盛的生命力和广阔的发展空间。许多画家在继承传统的基础上进行创新和实践，探索出更加多样化和现代化的水墨画表现方式。同时，随着国际文化交流的日益频繁，中国水墨画艺术逐渐走向世界舞台，成为展示中华文化魅力的重要窗口之一。

（二）中国水墨画元素在服装设计中的提取

中国水墨画元素在服装设计中的提取主要可以从形态、色彩和意境三个方面进行。

1. 形态提取

水墨画的形态丰富多样，包括山、水、云、树等自然元素，以及人物、动物等形象。这些形态可以通过提炼、概括和抽象化的手法，转化为服装设计中的图案、剪裁或造型元素。例如，将山水的轮廓线条运用于服装的剪裁，或者将云雾的缥缈感体现在服装的层次感上。

2. 色彩提取

水墨画的色彩以墨色为主，通过墨的浓淡、干湿变化来表现画面的深浅和远近。在服装设计中，可以借鉴水墨画的色彩运用，采用素雅、柔和的色调，营造出清新脱俗的氛围。同时，也可以将水墨画中的色彩与其他颜色进行搭配，创作出独特的色彩效果。

3.意境提取

水墨画注重意境的营造，通过画面中的元素和构图来表达作者的情感和思想。在服装设计中，可以借鉴水墨画的意境表现手法，通过服装的款式、面料、图案等元素的设计来传达设计师的创意和理念。例如，通过运用水墨画中的留白手法，在服装设计中创作出空灵、悠远的艺术境界。

总的来说，中国水墨画元素在服装设计中的提取需要注重形态、色彩和意境三个方面的融合与运用。设计师可以通过对水墨画的深入研究和理解，将其精髓巧妙地融入服装设计中，创作出具有独特魅力和文化内涵的服装作品。同时，这种融合也有助于传承和弘扬中国传统文化，推动中国时尚产业的创新与发展。

（三）中国水墨画元素在服装设计中的应用

1.水墨技法在服装设计中的应用

水墨技法种类繁多，每一种都有其独特的表现力和艺术风格。其中，泼墨泼彩技法是一种非常具有表现力和感染力的绘画方法。其特点在于色彩的丰富多变以及笔触的随意奔放，使得画面充满了动感和生命力。当这种技法被应用到服装设计中时，其效果是非常显著的，泼墨泼彩技法能够为服装带来一种独特的视觉冲击力，使得服装在色彩和图案上都充满了创意与新颖性。这种随意而不失美感的风格，不仅符合现代人的审美需求，也让服装更加具有时尚感和艺术感。目前主要有三种泼墨泼彩法，接下来将进一步探讨它们在服装设计中的具体应用和产生的效果。

（1）在已完成的破墨破色基础上泼墨泼彩
这种方法适用于那些希望在已有设计基础上增加层次感和动态感

的服装。设计师可以先用破墨破色技法完成服装的基础图案或色彩布局设计，然后在此基础上泼洒墨彩。这样既可以保留原设计的精致感，又能通过泼墨泼彩的随机性增添一份生动和活力。在服装上，这种方法可能表现为精致的图案边缘被柔和的墨色晕染，或是明亮的色彩区块被深沉的墨色点缀，形成强烈的视觉对比。

（2）在生宣卡上随意泼洒墨彩后加工

这种方法更强调创作的自由性和偶然性。设计师可以直接在生宣卡上随意泼洒墨彩，待其自然渗化和蔓延后，再根据形成的图案和色彩效果进行后续的剪裁和设计。这种方法在服装设计中可能表现为大胆、抽象的图案布局，或是色彩丰富、层次多变的视觉效果。由于墨彩的渗化和蔓延具有不可预测性，因此每件作品都可能成为独一无二的孤品。

（3）有控制的局部泼墨泼彩

与前两种方法相比，这种方法更加理性和有序。设计师会预先设定一个框架或结构，然后在这个范围内有目的地运用泼墨泼彩技法。他们会有意识地控制墨彩的渗化程度和蔓延方向，以达到预期的艺术效果。在服装设计中，这种方法可以表现为精致的图案细节、有序的色彩布局或是具有引导视线的视觉效果。这种方法既保留了泼墨泼彩的生动性和随机性，又可以确保设计的整体和谐与统一。

泼墨泼彩法的三种不同应用方式在服装设计中都能带来独特而富有创意的视觉效果。它们不仅丰富了服装的色彩和图案设计，还提升了服装的艺术价值和审美意义。

总的来说，泼墨泼彩技法在服装设计中的应用能够为服装带来独特的视觉效果和艺术感染力，使得服装更加符合现代人的审美需求。同时，这种技法的运用也需要设计师具备较高的艺术素养和审美能力，这样才能创作出真正具有艺术价值的服装作品。

2. 水墨图案加工工艺在服装设计中的应用

在服装设计中，水墨图案可以通过多种加工工艺来实现，包括染色、刺绣、手绘和印花等。水墨图案加工工艺在服装设计中的应用非常广泛，它们为服装增添了独特的艺术韵味和文化内涵。以下是关于这些工艺的特点和其在服装设计中应用的简要介绍。

（1）染色工艺

染色是指将水墨图案的色彩直接通过染料渗透到面料纤维中的一种加工工艺。这种方法适用于大面积的图案或单色表现，可以实现色彩的均匀渗透和柔和过渡。水墨画的色彩层次和墨色变化可以通过染色工艺在服装上得以体现，营造出淡雅、自然的艺术效果。

染色工艺可以将水墨图案的色彩和意境融入服装面料中。通过扎染、蜡染等手法，可以在服装上呈现出水墨画般的晕染效果，使服装色彩层次丰富，具有自然、朴素的美感。这种工艺在棉、麻等天然纤维面料上应用较多，能够达到一种返璞归真的艺术效果。

（2）刺绣工艺

刺绣是指通过针线在面料上绣制出图案的一种传统工艺。在水墨图案的服装设计中，刺绣可以用于表现细节丰富、线条流畅的图案元素，如山水、花鸟等。

刺绣工艺可以将水墨图案以精细的线条和色彩表现在服装上。不同的针法和绣线，可以模拟出水墨画的笔触和墨色层次，使图案栩栩如生。刺绣工艺在旗袍、礼服等高档服装中应用较多，能够提升服装的品位和价值。同时，刺绣还可以用于装饰服装的局部，如领口、袖口等，起到点缀和美化的作用。

（3）手绘工艺

手绘是指直接在面料上用画笔绘制图案的一种工艺。这种方法适用于小批量或个性化的服装设计，可以实现设计师对图案的自由创作和个性化表现。手绘工艺可以使每一件服装都成为独一无二的艺术品。手绘水墨图案保留了水墨画的原始韵味和笔触，使服装更具艺术感和个性化。手绘工艺适用于小批量或定制化的服装设计，能够满足消费者对个性化和艺术化的追求。

（4）印花工艺

印花是指将图案通过印版或数码打印等方式转移到面料上的一种加工工艺。这种方法适用于大批量生产和复制性强的图案设计。印花水墨图案可以实现色彩的丰富变化和图案的精细表现，使服装具有时尚感和视觉冲击力。

数码印花技术是一种使用计算机和数码设备进行图案打印的技术。相比传统印花技术，数码印花具有更多的优势和创新，为服装设计师提供了更多的创作空间和机会。以下是数码印花技术及其在服装设计中的应用。

①数码印花技术的特点

图案设计灵活多样：设计师可以通过数字软件工具设计出各种丰富多彩的图案，且可以随时调整和修改图案，实现个性化的设计。

高质量输出与细节表达：数码印花技术能够以高精度和高分辨率进行印花，精确还原设计师的创意，并保持图案的细节和色彩层次感。

个性化和定制化需求满足：数码印花技术使得服装的个性化和定制化生产成为可能，满足消费者对个性化服装的需求。

可持续发展与环保：相比传统印花工艺，数码印花技术减少了对环境的污染，实现按需印花，避免大量的库存和物料浪费。

②数码印花技术在服装设计中的应用

创意图案的实现：设计师可以利用数码印花技术将各种创意图案打印在服装上，如自然元素、几何图形、抽象元素等，打造出独具特色的时尚风格。

色彩管理的优化：数码印花技术的颜色管理软件可以实现对颜色的精确匹配和管理，使服装的色彩更加丰富和准确。

面料质感的提升：数码印花技术可以在各种面料上进行印花，包括棉、麻、丝等，提升面料的质感和观感。

快速打样与修改：数码印花技术可以快速制作出样品，方便设计师进行修改和调整，提高设计效率。

定制化生产的实现：数码印花技术可以满足小批量、短周期的生产需求，实现服装的定制化生产，满足消费者的个性化需求。

总的来说，数码印花技术在服装设计中的应用广泛且深入，不仅提升了服装的美感和艺术性，还满足了消费者的个性化需求，推动了服装产业的创新和发展。

综上所述，水墨图案在服装设计中的加工工艺多种多样，每种工艺都有其独特的表现效果和适用范围。设计师可以根据设计需求和面料特性选择合适的工艺来实现水墨图案在服装上的完美呈现，为消费者带来更加丰富和个性化的选择。这些工艺的结合运用不仅可以为服装设计带来更多的创意和可能性，也为服装增添了独特的艺术魅力和文化内涵。

（四）实例分析

在2012年哈尔滨国际时装周上，服装设计系教授卢禹君与著名画家卢禹舜的合作为观众呈现了一场视觉盛宴。卢禹君教授以卢禹舜的国画作品"八荒通神""精神家园""天地大美""彼岸理想"四个系列为设计主题，展示了44套充满中国民族文化特色的服装。

这些服装不仅在设计上独具匠心，更在细节上体现了中国传统文化的精髓。每一套服装都仿佛是一幅生动的国画，将传统与现代巧妙融合，展现了中国时尚设计的独特魅力。

"八荒通神"系列的服装以神秘、庄重的色彩和图案为主，体现出古代神话传说的神秘氛围；"精神家园"系列注重内心的表达和情感的流露，通过色彩和剪裁展现内心的世界；"天地大美"系列以自然元素为灵感，展现大自然的壮丽与和谐；"彼岸理想"系列带有一种超脱现实的梦幻色彩，引领人们进入一个理想的境界。

这场时装展不仅展示了中国时尚设计的实力和创新精神，也向世界传递了中国传统文化的独特魅力和价值。未来中国的时尚产业将继续蓬勃发展，并在国际舞台上绽放更加夺目的光彩。

第二节　刺绣元素在服装设计中的提取与转化

一、中国刺绣

（一）中国刺绣的起源与发展

中国刺绣的起源可以追溯到史前社会，历史非常悠久。多数学者认为刺绣是图腾崇拜和文身的延续，人类发明衣服后发现，服装虽然能够防御、保暖，却遮盖了美丽的花纹，于是图案开始逐渐转移到了服装上，服装成为文身的延续和载体。初期的刺绣为彩绘与刺绣同时作用于服装上，这在《尚书·虞书》中有详细记载。

随着时代的发展，刺绣工艺逐渐成熟，并形成了独特的艺术风格。同时，刺绣也是古代封建经济的重要支柱之一。

在中国刺绣的发展过程中，不同地区形成了各具特色的刺绣风格。其中，苏绣、粤绣、蜀绣和湘绣被誉为中国民间刺绣中的四大名绣。这四大名绣各具特色，都体现了中国刺绣艺术的精湛技艺和无穷魅力，它们不仅是中国传统文化的重要组成部分，也是世界文化遗产的瑰宝。

总的来说，中国刺绣经历了漫长的发展历程，形成了独特的艺术风格和地域特色。同时，随着现代科技的进步和人们生活方式的改变，刺绣艺术也在不断创新和发展，为人们带来更多的美感和艺术享受。

（二）中国民间刺绣中的四大名绣

苏绣、粤绣、蜀绣和湘绣是中国民间刺绣中的四大名绣，它们是中国刺绣艺术的杰出代表，具有深厚的文化内涵和独特的艺术魅力。

1. 苏绣

苏绣是苏州地区刺绣产品的总称，为江苏省苏州市民间传统美术技艺，也是中国四大名绣之一、国家级非物质文化遗产之一。苏绣具有图案秀丽、构思巧妙、绣工细致、针法活泼、色彩清雅的独特风格，地方特色浓郁，其发源地在苏州吴县一带，现已遍布无锡、常州等地。

苏绣历史悠久，建于五代北宋时期的苏州瑞光塔和虎丘塔都曾出土过苏绣经袱，在针法上已能运用平抢铺针和施针，这是目前发现最早的苏绣实物。苏绣的工艺和技法在不断发展创新中，形成了独特的艺术风格和地域特色。

苏绣的技艺和风格对中国刺绣艺术的发展产生了深远的影响，其精湛的技艺和丰富的表现力赢得了广泛的赞誉。在现代社会，苏绣不仅被用于传统服饰的装饰，还被广泛应用于家居装饰、艺术品等领域，成为一种时尚和文化的象征。同时，苏绣也是中国传统文化和民间艺术的重要代表之一，被誉为世界文化遗产的瑰宝之一，深受人们的喜爱和珍视。

总之，苏绣是中国传统刺绣艺术中的杰出代表之一，具有深厚的文化内涵和独特的艺术魅力，是中国文化和民间艺术的重要组成部分。

2. 粤绣

粤绣是广州刺绣（广绣）和潮州刺绣（潮绣）的总称，是中国四大名绣之一，源自唐代。它是流传于广州及其古属地南海、番禺、顺德等地的民间刺绣工艺，至今已有一千多年的历史。粤绣注意结合材料形质，有真丝绒绣、金银线绣、线绣和珠绣四大类。其针法多变，针步均匀，能巧妙运用针法丝理表现物象的肌理。

粤绣是国家级非物质文化遗产之一，于2006年5月20日经国务院批准被列入第一批国家级非物质文化遗产名录。它以龙凤、花卉、飞禽走兽、水族人物为题材，成品多用于日常用品、祭祀用品、欣赏用品、戏服装饰品等。粤绣的绣法可分为绣、垫、贴、拼、缀五种，针法有六角三叠踏针锦、垫棉过金针、双丁鳞、垫绣菊花畔鳞等两百多种。

粤绣在技艺和艺术表现上都具有独特的魅力，不仅体现了中国刺绣艺术的精湛技艺，也展示了广东地区的独特文化和审美风格。同时，粤绣也是中国传统文化和民间艺术的重要代表之一，深受人们的喜爱和珍视。

3. 蜀绣

蜀绣，又称"川绣"，是中国四大名绣之一，是在丝绸或其他织物上采用蚕丝线绣出花纹图案的中国传统工艺。作为中国刺绣传承时间最长的绣种之一，蜀绣以其明丽清秀的色彩和精湛细腻的针法形成自身的独特韵味。

蜀绣源自川西民间，最早可追溯到3000年前的古蜀时期。其技艺以针法见长，共有12大类、130余种。蜀绣的图案丰富多样，其中包括山水花鸟、博古、龙凤、瓦文、古钱等。这些图案都富含深厚的文化内涵和象征意义。

蜀绣以其纯熟的工艺和细腻的线条跻身中国的四大名绣之列，在其悠久的发展历史中逐渐形成针法严谨、片线光亮、针脚平齐、色彩明快等特点。

2006年5月20日，蜀绣经国务院批准被列入第一批国家级非物质文化遗产名录。2012年12月3日，国家质检总局批准对"蜀绣"实施地理标志产品保护。

总的来说，蜀绣是中国传统文化和民间艺术的重要代表之一，具有深厚的文化内涵和独特的艺术魅力。它以其精湛的技艺、丰富的图案和深厚的文化内涵，深受人们的喜爱和珍视。

4 湘绣

湘绣是中国四大名绣之一，是以湖南长沙为中心的带有鲜明湘楚文化特色的民间工艺。其起源可追溯到春秋战国时期，至今已有两千多年历史。湘绣在湖南民间刺绣的基础上，吸取了苏绣、粤绣等绣系的优点而发展起来。

湘绣主要以纯丝、硬缎、软缎、透明纱和各种颜色的丝线、绒线绣制而成。其特点是构图严谨，色彩鲜明，各种针法富于表现力，通过丰富的色线和千变万化的针法，使绣出的人物、动物、山水、花鸟等具有特殊的艺术效果。湘绣的题材广泛，品种繁多，既有收藏价值极高的艺术珍品，又有实用大方的日用品。

湘绣在发展中逐渐形成了自己独特的风格。其人文画的配色以深灰、浅灰和黑白为主，素雅如水墨画，而日用品的色彩艳丽，图案纹饰的装饰性较强。同时，湘绣的绣工精致，尤其是其独有的鬅毛针法，让绣出来的狮虎等猛兽毛发刚劲，栩栩如生，因此，民间有"苏猫湘虎"的说法。

总的来说，湘绣以其精湛的技艺、丰富的图案和深厚的文化内涵，成为中国传统文化和民间艺术的重要代表之一，深受人们的喜爱和珍视。同时，它也是湖南乃至中国的"艺术名片"之一，具有极高的传统手工技艺价值和地域性文化艺术价值。

（三）中国民间刺绣的艺术特点

作为一种独特的艺术形式，中国民间刺绣具有多个显著的艺术特点，这些特点使得中国刺绣在世界艺术之林中独树一帜。

1. 丰富的色彩

中国民间刺绣的色彩非常丰富，绣娘们善于运用各种颜色的丝线来表现不同的色彩效果。这些色彩既可以是鲜艳明快的，也可以是柔和细腻的，通过巧妙的搭配和过渡，形成了一幅幅绚丽多彩的刺绣作品。丰富的色彩不仅为刺绣作品增添了视觉上的美感，也表达了绣娘们对生活的热爱和对美的追求。

2. 独特的针法、精湛的工艺

中国民间刺绣的针法独特且多样，如平绣、打籽绣、盘金绣、锁绣等。每种针法都有其独特的效果和用途，绣娘们根据不同的图案，灵活运用各种针法，展现出精湛的刺绣工艺。这些独特的针法和精湛的工艺使得中国刺绣在细节上处理得非常出色，无论是线条的流畅性还是图案的立体感，都达到了极高的艺术水平。

3. 夸张的造型、独特的比例

中国民间刺绣在造型和比例上往往采用夸张的手法，以突出主题和强调视觉效果。绣娘们通过放大或缩小某些部分，改变物体的正常比例关系，创作出一种独特的视觉效果。这种夸张的造型和独特的比例不仅增强了刺绣作品的趣味性，也使观众在欣赏时能够感受到一种强烈的视觉冲击。

4. 完整的构思、巧妙的构图

中国民间刺绣在构思和构图上非常讲究完整性和巧妙性。绣娘们在进行刺绣创作时，往往会先构思好整个作品的主题和意境，然后运用巧妙的构图技巧将各个元素有机地组合在一起。这种完整的构思和巧妙的构图使刺绣作品在整体上呈现出和谐统一的美感。

6.吉祥的寓意

中国民间刺绣常常蕴含着吉祥的寓意。绣娘们通过刺绣各种具有象征意义的图案和符号，如龙凤呈祥、牡丹富贵、蝙蝠福寿等，来表达对美好生活的向往和祝福。这些吉祥的寓意不仅体现了中国传统文化中的价值观念，也使得刺绣作品在传递美感的同时，传递了积极向上的生活态度。

（四）中国传统服饰刺绣图案的特点与文化内涵

1.中国传统服饰刺绣图案的特点

中国传统服饰刺绣图案承载着深厚的文化内涵和丰富的历史信息，特点鲜明，独具魅力。以下是对中国传统服饰刺绣图案特点的详细阐述。

（1）图案题材丰富多样

中国传统服饰刺绣图案的题材极为丰富多样，涵盖了自然景物、人物故事、神话传说、吉祥符号等多个方面。这些题材的选择既反映了人们对自然和生活的热爱，也体现了人们对美好事物和理想境界的追求。例如，牡丹象征富贵，莲花象征高洁，龙凤象征吉祥，蝙蝠象征福寿等。这些丰富多彩的题材使得中国传统服饰刺绣图案充满了生活气息和人文情怀。

（2）图案造型具有"写意"性

中国传统服饰刺绣图案在造型上注重"写意"性，即不求形似，而求神似。绣娘们在进行刺绣创作时，往往会根据自己的审美理解和情感体验，对图案进行主观的夸张、变形和抽象化处理，从而创作出独特的艺术效果。这种"写意"性的造型手法使得中国传统服饰刺绣图案在形态上更加生动活泼，富有韵律感和动态美。

（3）图案纹样具有"标识"性

在中国传统服饰刺绣中，许多图案纹样具有"标识"性，即它们被赋予了特定的象征意义和文化内涵，成为一种独特的文化符号。例如，龙纹、凤纹、云纹、如意纹等，这些纹样不仅具有装饰作用，而且传达了一种特定的文化信息和价值观念。这种"标识"性的图案纹样使得中国传统服饰刺绣在文化传承和身份认同方面具有重要意义。

（4）图案构成具有"寓意"化特征

中国传统服饰刺绣图案在构成上往往采用寓意化的手法，即通过特定的图案组合和布局来传达一种吉祥、美好的寓意。例如，"喜上眉梢"图案由喜鹊和梅花组成，寓意着喜事临门、好运连连；"五福捧寿"图案由五只蝙蝠围绕一个寿字组成，寓意着福寿双全、吉祥如意。这种"寓意"化的图案构成使得中国传统服饰刺绣在传递美感的同时，也传递出了一种积极向上的生活态度和美好的祝福。

2. 中国传统服饰刺绣图案的文化内涵

中国传统服饰刺绣图案不仅是一种装饰艺术，更是一种文化载体，蕴含着丰富的文化内涵。下面将从几个方面来阐述中国传统服饰刺绣图案的文化内涵。

（1）刺绣图案的象征意义

在中国传统服饰刺绣中，许多图案都具有象征意义。这些象征意义往往与人们的信仰、价值观和生活理念密切相关。例如，龙和凤是中国传统文化中的神兽，象征着吉祥、权力和美好；蝙蝠象征着福气和幸福；鱼象征着年年有余、富足和繁荣。这些象征性的图案通过刺绣呈现在服饰上，不仅美化了服饰，也传递了人们的美好愿望和文化信仰。

（2）体现权力财富的象征性

在中国古代社会，服饰刺绣图案是权力和财富的象征。一些特定的图案和色彩被用来标识不同社会阶层和地位的人。例如，龙纹和凤纹往往被用在皇家和贵族的服饰上，以彰显他们的尊贵地位，一些富商巨贾往往会通过精美的刺绣图案来展示自己的财富和品位。这些刺绣图案不仅体现了当时社会的等级制度，也反映了人们对权力和财富的追求。

（3）体现祈福纳祥的寓意性

中国传统服饰刺绣图案中有很多寓意性的元素，如寿桃、松鹤、蝙蝠、如意等，这些元素代表着吉祥、长寿、幸福等美好寓意。人们将这些寓意性的图案刺绣在服饰上，表达了人们对生活的美好期望和对未来的憧憬。

（4）体现民族信仰的文化性

中国传统服饰刺绣图案体现了民族信仰的文化性。在中国传统文化中，许多图案和符号都承载着深厚的文化内涵和民族信仰。例如，莲花象征着高洁和纯净，被广泛应用于佛教题材的刺绣中，而八卦、太极等图案则体现了道教和儒家思想的影响。这些具有民族信仰文化性的刺绣图案不仅丰富了服饰的文化内涵，而且传承了中华民族的优秀传统文化。

总之，中国传统服饰刺绣图案的文化内涵十分丰富，既体现了人们对美好生活的追求和向往，又传承了中华民族的优秀传统文化和价值观。这些精美的刺绣图案不仅是服饰的装饰品，也是文化的载体和传承的纽带。

（五）少数民族服饰刺绣特色

中国是统一的多民族国家，每个民族都有自己独特的文化和传统。在服饰刺绣方面，少数民族同样展现出了丰富多彩的特色，每个民族都有自己独特的刺绣风格和图案。以下是一些常见的少数民族服饰刺绣特色。

1.苗族服饰刺绣

苗族妇女擅长刺绣，她们的刺绣工艺精细，线条流畅，色彩鲜艳。苗族刺绣图案色调多种多样，以红、蓝、粉红、紫等颜色为主，图案丰富，包括花、鸟、虫、鱼、龙、凤等。除了这些传统图案，还有许多具有浓郁民族气息的图案，如神话传说、历史人物等。

2.彝族服饰刺绣

彝族服饰刺绣以七彩绣花为特色，色彩丰富，图案精美。常见的图案有马缨花、山茶花、蝴蝶、鸟兽等，这些图案富含深厚的文化内涵和民族信仰。彝族妇女在刺绣时，注重细节处理，使服饰整体更加精美华丽。

3.傣族服饰刺绣

傣族服饰刺绣给人以宁静而华美的感觉。傣族妇女善于运用各种针法和彩线,在服饰上绣出精美的花纹和图案。常见的图案有孔雀、大象、花卉等,这些图案富含傣族文化的象征意义。

4.白族服饰刺绣

白族服饰刺绣注重色彩搭配和图案设计,整体给人以清新雅致的感觉。常见的图案有山茶花、梅花、蝴蝶等,这些图案富含白族文化的内涵和象征意义。白族妇女在刺绣时,善于运用各种针法和绣线,使图案呈现出栩栩如生的效果。

5.哈尼族服饰刺绣

哈尼族服饰刺绣以朴素典雅为特色,色彩较为单一,但刺绣工艺精细。常见的图案有几何图形、花卉等,这些图案体现了哈尼族人民的审美追求和文化传统。

总的来说,少数民族服饰刺绣特色鲜明,各具魅力。这些刺绣图案不仅美化了服饰,更传承了深厚的文化内涵和民族信仰。通过欣赏和研究这些刺绣图案,我们可以更好地感受和了解中国少数民族的传统文化与审美追求。

(六)刺绣的基本技法

刺绣的基本技法包括但不限于以下几种。

①平针绣:最基础的刺绣技法,通过平行的针脚将线条或形状绣制在布料上。

②回针绣:一种反方向的平针绣,由两排平针交错相接而成,常用于勾勒轮廓或填充小面积色块。

③锁边绣:一种用于刺绣边缘的针法,使刺绣品更加整齐、美观。

④网针绣：由多个交叉的直线组成网格状，常用于表现图案的纹理和层次。

⑤三角针绣：由一个个三角形组成图案，常用于表现图案的细节和纹理。

⑥打籽绣：通过一个个打籽点组成图案，常用于表现图案的肌理和质感。

⑦飞针绣：一种快速的刺绣针法，能提高刺绣的效率。

⑧套针绣：由不同长度的线迹组成图案，常用于表现图案的层次和质感。

⑨十字针绣：由一个个十字形线迹组成图案，常用于填充大面积色块或制作简单的图案。

此外，还有轮廓绣、贴布绣、链式绣、直线绣、法式结粒绣、平式花瓣绣、比翼绣、羽毛绣、双十字绣、缎面绣、长短针等多种刺绣技法。每种技法都有其独特的效果和用途，可以根据需要选择合适的技法进行刺绣创作。

同时，刺绣的图案丰富多样，包括自然景物、人物故事、神话传说等。这些图案富含深厚的文化内涵和民族信仰，使刺绣作品不仅具有装饰作用，还承载着丰富的历史文化内涵。在进行刺绣创作时，可以根据个人喜好和文化背景选择合适的图案与技法进行搭配。

二、刺绣元素在服装设计中的提取

在服装设计中提取刺绣元素，可以从以下几个方面进行。

（1）可以分析刺绣的工艺技法，了解其独特的针法和绣线运用，然后将这些技法应用到服装设计中，使服装表面呈现出独特的纹理和质感。例如，一些少数民族的刺绣技法非常独特，可以将其提取出来，运用到现代服装设计中，增加服装的文化内涵和艺术价值。

（2）可以提取刺绣中的色彩构成。刺绣作品往往色彩丰富、鲜艳夺目，给人留下深刻的印象。在服装设计中，可以借鉴刺绣的色彩搭配方式，将不同颜色、不同明度的绣线巧妙地组合在一起，形成独特的色彩效果。这种色彩提取方式不仅可以使服装更加美观，还能使服装更具民族特色和文化韵味。

（3）可以从刺绣图案中提取设计元素。刺绣图案往往具有丰富的文化内涵和独特的艺术魅力，可以为服装设计提供丰富的灵感来源。设计师可以根据服装的主题和风格，选择适合的刺绣图案进行提取和再设计，将其融入服装的款式、面料和配饰中，使服装更具独特性和时尚感。

具体来说，提取刺绣元素并应用到服装设计中的过程包括以下几个步骤。

（1）收集和研究刺绣作品。收集各种刺绣作品，包括传统的和现代的、民间的和专业的，研究其技法、色彩和图案特点。

（2）选择适合的刺绣元素。根据服装设计的主题和风格，选择适合的刺绣元素进行提取。

（3）再设计和创新。将提取的刺绣元素进行再设计和创新，使其更符合现代审美和时尚潮流。

（4）与服装款式和面料融合。将再设计后的刺绣元素与服装的款式和面料相融合，使服装呈现出独特的效果。

（5）调整和完善。在实际制作过程中，根据需要对刺绣元素进行调整和完善，确保最终的服装作品既美观又实用。

三、传统刺绣图案在现代服装设计中的应用

传统刺绣图案在现代服装设计中有着广泛的应用。这些图案不仅为现代服装增添了独特的艺术魅力，还传承了深厚的文化内涵。

（1）在现代服装设计中，传统刺绣图案常被用于装饰和点缀。设计师们会选取具有代表性或寓意吉祥的传统图案，如龙凤、牡丹、蝙蝠等，通过精湛的刺绣工艺将其呈现在服装上。这些图案的加入使得现代服装在视觉上更加丰富和立体，同时也传递了美好的寓意和祝福。

（2）传统刺绣图案在现代服装设计中的应用可以体现在对传统文化的传承和创新上。设计师们会深入挖掘传统刺绣图案的文化内涵和象征意义，将其与现代审美和时尚元素相结合，创作出既具有传统韵味又符合现代审美的服装作品。这种将传统与现代相融合的设计理念，不仅让现代服装更具文化底蕴，也推动了传统文化的传承与发展。

（3）随着科技的进步和刺绣工艺的发展，现代服装设计中还出现了许多创新的刺绣应用方式。例如，立体刺绣、珠绣、亮片绣等新型刺绣技艺的运用，使得传统刺绣图案在现代服装中呈现出更加多元和

立体的表现形式。这些新型刺绣技艺不仅提升了服装的艺术价值，也为现代服装设计注入了新的创意和活力。

总的来说，传统刺绣图案在现代服装设计中的应用是多元且具有深意的。它们不仅为现代服装增添了艺术魅力，更传承了深厚的文化内涵，推动了传统文化的现代转型和发展。

四、刺绣在服装设计中的应用原则

刺绣在服装设计中的应用原则主要包括以下几个方面。

（一）合理性原则

刺绣在服装设计中的布局要合理，与服装整体风格相协调。设计师要有整体的设计构思，根据服装的款型选择合适的刺绣图案和位置，以达到完美的服装造型。

（二）一致性原则

刺绣图案的选择要与服装的风格相一致。刺绣图案的题材广泛，包括传统的、现代的、具体的、抽象的等。设计图案不同，会形成不同的服装面貌。因此，刺绣图案的设计在服装中要达到烘托主题的效果，与服装风格保持统一。

（三）匹配性原则

刺绣的材质要与服装面料相匹配。不同材质的服装面料具有不同的柔软度、密度、重量等，刺绣工艺手法也会因此而有所不同。在选择刺绣材质和工艺时，需要考虑其与服装面料的匹配性，以达到和谐统一的效果。

（四）创新性原则

在将刺绣应用于服装设计时，需要注重手法的多样性和创新性。

除了传统的刺绣技法，还可以尝试珠绣、亮片绣、立体花朵绣等现代刺绣手法，以及加法、减法、变形和综合运用等多种设计手法。通过创新的设计手法，可以使刺绣在服装上更富有层次感和立体感，提升服装的艺术价值。

这些原则在刺绣的服装设计应用中相互关联，共同构成了刺绣在服装设计中的应用框架。遵循这些原则，设计师可以创作出既具有民族特色又符合现代审美需求的刺绣服装作品。

五、著名服装品牌或设计师在服装设计中运用刺绣的实例

迪奥品牌的设计师约翰·加利亚诺（John Galliano）在设计中大量使用了中国刺绣元素。他巧妙地将中国刺绣与迪奥的优雅风格相结合，创作出了一系列令人惊艳的时装作品。这些作品中，刺绣图案精致细腻，色彩丰富鲜艳，为迪奥的时装增添了独特的东方韵味。

法国时装品牌纪梵希（Givenchy）是将刺绣运用在服装中的典型代表。其创始人于贝尔·德·纪梵希（Hubert de Givenchy）曾以白色棉布为主，辅以典雅刺绣与华丽珠饰，创作出了一系列成功的时装作品。其中，他为英国女演员奥黛丽·赫本（Audrey Hepburn）在电影《龙凤配》中设计的孔雀长裙，就是运用刺绣工艺绣制出孔雀图案的经典之作。

在国内，也有许多设计师将刺绣元素融入服装设计中。例如，在时装周上经常可以看到一些设计师运用苏绣、蜀绣等传统刺绣技艺创作出具有民族特色的时装作品。这些作品不仅展示出中国传统文化的魅力，也推动了传统工艺在现代服装设计中的创新与发展。

第三节　瓷器元素在服装设计中的提取与转化

一、中国瓷器

中国瓷器指的是中国制造的瓷器，在英文中"瓷器（china）"与

"中国（China）"为同一词。中国是瓷器的故乡，瓷器是古代劳动人民的一个重要的创作，其前身是原始青瓷，是由陶器向瓷器过渡阶段的产物。中国最早的原始青瓷发现于山西夏县东下冯龙山文化遗址中，距今约4200年。

中国瓷器历史悠久，种类繁多。宋代时，名瓷名窑已遍及大半个中国，是瓷业最为繁荣的时期。当时的钧窑、哥窑、官窑、汝窑和定窑被并称为五大名窑。江西景德镇在元代出产的青花瓷已成为瓷器的代表，青花瓷釉质透明如水，胎体质薄轻巧，洁白的瓷体上敷以蓝色纹饰，素雅清新，充满生机。此外，还有青花玲珑瓷、粉彩瓷、颜色釉瓷等代表性瓷器，都各具特色，精美非常。

中国瓷器以其独特的艺术魅力和精湛的制作工艺，深受世界各地人们的喜爱。如今，中国瓷器已经成为中国传统文化的重要代表之一，传承和发扬着中华民族的优秀文化传统。

（一）中国瓷器纹饰的分类

中国瓷器纹饰的分类非常多元化，大致可以按照以下几种方式进行分类。

1. 按题材分类

（1）动物纹：如饕餮纹、龙纹、凤纹、麒麟纹、狮纹、鹿纹、鱼纹等。这些纹饰通常以动物形象为主题，具有象征意义和装饰效果。

（2）植物纹：如莲花纹、牡丹纹、缠枝纹、卷草纹、松竹梅纹等。植物纹在中国瓷器上非常常见，常以自然植物为蓝本进行艺术化处理。

（3）人物纹：如婴戏图、仕女图、高士图、历史故事图等。人物纹通常以人物形象为主题，描绘各种生活场景和历史故事。

（4）几何纹：如回纹、条纹、弦纹、云纹等。几何纹以点、线、面组成的有规则的几何图样为主题，具有简洁明快的装饰效果。

2. 按装饰手法分类

（1）刻划纹：如篦纹等，通过刻画工具在瓷器表面刻画出各种纹饰。

（2）印花纹：如联珠纹等，通过印花模具在瓷器表面印出各种纹饰。

（3）绘画纹：如山水画、花鸟画等，通过画笔在瓷器表面绘制出各种纹饰。

3. 按寓意分类

（1）吉祥纹：如百鸟朝凤、三阳开泰、福寿吉庆等。这些纹饰通常以吉祥语或吉祥图案为主题，寓意着吉祥如意和美好愿景。

（2）宗教纹：如八吉祥纹等，以佛教法物为图案，具有宗教象征意义。

此外，还有一些特殊的纹饰类型，如璎珞纹、如意纹、卍字纹等，这些纹饰在中国瓷器上具有独特的艺术魅力和文化内涵。

总之，中国瓷器纹饰的分类非常多样化，不同类型的纹饰相互交织、融合，形成了丰富多彩的装饰艺术风格。这些纹饰不仅具有装饰作用，还蕴含着深厚的文化内涵和历史背景。

（二）中国瓷器纹饰的风格特点分析

中国瓷器纹饰的风格特点丰富多样，以下是对中国瓷器纹饰风格特点的一些分析。

1. 历史传承性

中国瓷器纹饰具有深厚的历史传承性。许多传统纹饰，如龙纹、凤纹、牡丹纹等，在历史长河中不断被沿用和发展，成为具有独特文化内涵和象征意义的符号。

2. 地域特色

中国地域辽阔，不同地区的瓷器纹饰风格各异。例如，景德镇瓷器以青花瓷和粉彩瓷著称，其纹饰细腻、色彩艳丽；龙泉青瓷则以釉色青翠、造型端庄为特点，纹饰简约而富有意境。

3. 工艺精湛

中国瓷器纹饰的制作工艺非常精湛，无论是刻画、印花还是绘画，都展现出极高的艺术水平。工匠们运用各种技巧和手法，将纹饰刻画得栩栩如生、细腻入微。

4. 寓意深刻

中国瓷器纹饰往往蕴含着深刻的寓意和象征意义。如莲花纹象征高洁清雅，鱼纹寓意年年有余，蝙蝠纹则代表福运等。这些纹饰不仅具有装饰作用，还寄托了人们的美好愿望和对未来的期许。

5. 多元文化融合

中国瓷器纹饰在发展过程中不断吸收和融合多元文化元素。例如，佛教文化的传入不仅给瓷器纹饰带来了新的图案和寓意，外来文化的交流也为中国瓷器纹饰的创新提供了灵感。

总的来说，中国瓷器纹饰的风格特点体现了中华民族的文化底蕴和审美追求，是中国传统工艺美术的重要组成部分。随着时代的发展，中国瓷器纹饰将继续传承和创新，展现出更加丰富多彩的艺术魅力。

二、瓷器元素在服装设计中的提取

在服装设计中，瓷器元素的提取主要围绕色彩、图案和形态三个方面进行。

色彩是瓷器元素在服装设计中最为直观和重要的表现形式。设计师可以从瓷器中汲取灵感，将瓷器的独特色彩运用到服装设计中。例如，汝窑瓷器的天青色和青花瓷的蓝白色调，都可以被巧妙地运用到服装的色彩设计中，营造出简洁、质朴、高雅、大方的效果。

瓷器的图案是服装设计中可以提取的重要元素。瓷器上的各种花纹、图案和纹理，如缠枝纹、卷草纹、鱼纹等，都可以被运用到服装的面料设计和图案设计中。设计师可以根据服装的主题和风格，选择合适的瓷器图案元素进行创新和设计。

瓷器的形态可以为服装设计提供灵感。设计师可以从瓷器的造型和线条中汲取灵感，将其运用到服装的剪裁和版型设计中。例如，某些瓷器的流线型造型和优雅的曲线，都可以被巧妙地运用到服装的设计中，使服装更加贴合人体曲线，展现出优雅、端庄的气质。

总的来说，瓷器元素在服装设计中的提取，需要设计师对瓷器文化和服装设计理论有深入的理解与掌握，同时也需要他们具备创新的设计思维和敏锐的时尚洞察力。通过巧妙地提取瓷器元素，设计师可以创作出既具有传统文化韵味又符合现代审美需求的服装作品。

三、中国瓷器纹饰在服装设计中的应用

中国瓷器纹饰在服装设计中的应用实例丰富多样，以下是一些具体的分析。

（一）青花纹饰的应用

青花瓷是中国瓷器的一种重要类型，其蓝白相间的色彩和独特的纹饰在服装设计中具有很高的应用价值。例如，在礼服设计中，可以采用青花瓷的经典蓝色与白色搭配，运用蓝色线条在白色底上勾勒细腻流畅的纹样，展现出青花瓷的优雅与高贵。这种设计既具有中国传统文化的韵味，又符合现代审美需求，是一种非常成功的跨文化设计尝试。

（二）瓷器色彩与图案的创新运用

除了青花瓷，中国还有其他多种类型的瓷器，如五彩瓷、斗彩瓷等，它们的色彩和图案同样可以为服装设计师提供灵感。设计师可以借鉴这些瓷器的色彩搭配和图案设计，将其创新地运用到服装中。例如，设计师可以提取瓷器上的花鸟纹样、山水纹样等元素，通过现代

的设计手法将其重新组合和排列，形成具有现代感的服装图案。

（三）瓷器形态与服装结构的结合

中国瓷器的形态各异，有很多独特的造型和线条。设计师可以从这些瓷器的形态中汲取灵感，将其与服装的结构设计相结合。例如，设计师可以借鉴瓷器的流线型造型和优雅的曲线，设计出贴合人体曲线的服装版型，使服装在展现人体美的同时，传递出中国瓷器的艺术魅力。

（四）传统与现代的融合

在服装设计中运用中国瓷器纹饰时，设计师需要处理好传统与现代的关系。一方面，要尊重和保护传统文化元素，保持其原汁原味；另一方面，要运用现代的设计理念和手法，对这些元素进行创新和发展，使其符合现代审美需求。例如，设计师可以在保留传统瓷器纹饰的基础上，运用现代的印花技术、面料处理技术等手段，提升服装的品质感和时尚感。

总的来说，中国瓷器纹饰在服装设计中的应用需要设计师具备深厚的传统文化底蕴和创新的设计思维。通过巧妙地提取和运用瓷器元素，设计师可以创作出既具有传统文化韵味又符合现代审美需求的服装作品，推动中国传统文化的传承与发展。

第四节　剪纸元素在服装设计中的提取与转化

一、民间剪纸

民间剪纸是一种历史悠久的中国民间艺术，也被称为中国剪纸。剪纸使用剪刀或刻刀在纸上剪刻出各种花纹和图案，通常用于装点生活或配合其他民俗活动。

　　剪纸的题材广泛，寓意深远。例如，石榴剪纸寓意多子多孙、多福多寿；孔雀剪纸寓意美好和爱情；梅花剪纸寓意清高素洁、深沉、自信。这些寓意和象征都反映了人们对生活的热爱和对艺术的追求。民间剪纸将这些吉祥寓意融入各种民族事项活动中，以满足广大民众精神上的需要。同时，剪纸作为一种原始艺术的载体，其总是运用夸张变形的手法，将不同空间、时间的物象进行组合，通过一种夸张和变形的手法来改变对象的性质、形式，进而改变自然原形的惯常标准。

　　剪纸艺术具有极强的民间灵魂和气息，因此生存力超强，即便跨越发展，剪纸艺术依旧长盛不衰，甚至变得愈发壮大起来。随着时代发展，现代剪纸已经形成种类多样、内容齐全的现状，这足以看出剪纸在民俗文化中有着举足轻重的地位。

　　此外，剪纸艺术还具有很强的地域特点。例如，陕西窗花风格粗朴豪放；河北和山西剪纸秀美艳丽；宜兴剪纸华丽工整；南通剪纸秀丽玲珑等。这些不同的风格都体现了各地人民对生活的独特体验和感受。

　　总的来说，民间剪纸是中国传统民间艺术的重要组成部分，它不仅具有装饰和美化生活的功能，更传承和弘扬了中华民族的优秀文化传统。通过欣赏和创作剪纸艺术，人们可以感受到中国传统文化的博大精深和独特魅力。

二、民间剪纸中的民俗文化分析

　　作为一种古老而独特的艺术形式，民间剪纸深深地扎根于中国的民俗文化之中。它不仅是装饰和美化生活的工具，更是传承和弘扬中华民族优秀文化传统的载体。在民间剪纸中，我们可以观察到丰富的民俗文化元素，这些元素反映了人们对生活的热爱、对自然的敬畏以及对社会的认知。

　　第一，民间剪纸的题材和寓意往往与人们的日常生活和信仰密切相关。例如，石榴剪纸寓意多子多孙、多福多寿，这反映了人们对家庭和子孙后代的期望和祝福；孔雀剪纸寓意美好、爱情，体现了人们对美好生活和纯真爱情的向往和追求。这些剪纸作品不仅美化了生活环境，还传递出人们对未来生活的美好愿景和期许。

　　第二，民间剪纸在造型上常常运用夸张和变形的手法，将不同空间、时间的物象进行组合和重构。这些手法不仅使剪纸作品更加生动有趣，还体现了人们对自然和社会的认知和理解。例如，我们常常可以看到剪纸作品将动物、植物和人物等形象进行巧妙的组合和融合，营造出独特的视觉效果。这种视觉效果不仅丰富了剪纸的艺术表现力，还体现出人们对自然和社会的独特理解和想象。

第三，民间剪纸具有强烈的地域性和民族性。不同地区的剪纸风格各异，反映了当地人民的生活习俗和审美观念。例如，陕西窗花风格粗朴豪放，体现了西北人民的豪放和坚韧；河北和山西剪纸秀美艳丽，体现了华北人民的细腻和精致。这些不同风格的剪纸作品不仅展示了各地人民的独特魅力，还促进了不同地区之间的文化交流和融合。

第四，民间剪纸作为一种原始艺术的载体，蕴含了丰富的文化历史信息。通过欣赏和创作剪纸艺术，人们可以了解中华民族的历史传统和文化底蕴。这种传承和弘扬的过程不仅有助于增强民族认同感和凝聚力，还为现代社会提供了宝贵的文化资源和精神食粮。

综上所述，民间剪纸中的民俗文化分析是一个多层次、多角度的过程，不仅涉及人们的日常生活、信仰和价值观念，还反映出人们对自然和社会的认知和理解。通过深入研究和挖掘民间剪纸中的民俗文化元素，我们可以更好地理解和传承中华民族的优秀文化传统，为现代社会的发展和进步提供源源不断的动力和灵感。

三、剪纸元素在服装设计中的提取

剪纸元素在服装设计中的提取主要涉及对剪纸图案、色彩以及文化内涵的理解和应用。

（一）剪纸图案的提取

剪纸图案丰富多样，包括文字、生活器皿、花卉、人物、建筑以及鸟兽等。在服装设计中，可以根据设计主题和意识观念选择具有代表性的剪纸图案。这些图案可以直接应用于服装的表面，通过印花、刺绣等工艺手法实现，也可以以解构、重组等方式创新性地运用在服装的款式和结构上。

（二）剪纸色彩的提取

剪纸通常以红色为主，象征喜庆吉祥，给观看者以强烈的视觉冲击。在服装设计中，设计师可以借鉴剪纸艺术的色彩特点，将红色或其他鲜艳的色彩作为设计的主色调，营造出热烈、活泼的视觉效果。同时，也可以将剪纸艺术的色彩与其他元素相结合，创作出更多元化的设计风格。

（三）剪纸文化内涵的提取

剪纸艺术是民间艺人思想艺术和行为工艺的综合结晶，具有广泛性和民族性的双重特点。在服装设计中，可以深入挖掘剪纸艺术的文化内涵，将其所蕴含的吉祥寓意、美好愿望等文化元素融入设计中。这样不仅可以提升服装的文化品位，还可以使服装更具民族特色和地域风情。

四、剪纸元素在服装设计中的转化

剪纸元素在服装设计中的提取与转化，是一个将传统艺术与现代设计相结合的过程。设计师从剪纸艺术中提取出具有代表性和独特美感的元素后，需要对其进行转化，以适应现代服装设计的需要。转化的过程包括将剪纸元素进行简化、变形、提炼等操作，以便更好地与服装的款式、面料和色彩等相结合。同时，设计师还需要考虑服装穿着的舒适性和实用性，确保剪纸元素的应用不会影响到服装的穿着效果和舒适度。

在转化过程中，设计师可以采用多种手法，如刺绣、印染、面料镂空、拼贴等，将剪纸元素应用到服装中。这些手法可以使剪纸元素更加生动、立体地呈现在服装上，同时也能够增加服装的层次感和时尚感。

另外，设计师还需要考虑剪纸元素在服装设计中的整体协调和美感，要注意元素的大小、位置、色彩搭配等，以形成和谐、统一的设计风格。

总之，剪纸元素在服装设计中的提取与转化是一个需要设计师具备创新精神和扎实设计基础的过程。通过巧妙地运用剪纸元素，设计师可以创作出具有独特美感和民族特色的服装作品，满足人们对美的追求和对传统文化的传承。

五、剪纸元素在服装设计中的应用

剪纸元素在服装设计中的应用主要体现在以下几个方面。

（一）图案应用

剪纸图案是剪纸艺术的重要组成部分，具有独特的艺术魅力和文化内涵。在服装设计中，设计师可以直接将剪纸图案应用于服装表面，通过印花、刺绣等工艺手法实现图案的呈现。同时，设计师还可以对剪纸图案进行解构、重组等创新性处理，将其巧妙地融入服装的款式和结构中，使服装更具设计感和时尚感。

（二）色彩应用

剪纸艺术通常以红色为主色调，给人以强烈的视觉冲击和喜庆吉祥的感觉。在服装设计中，设计师可以借鉴剪纸艺术的色彩特点，将红色或其他鲜艳的色彩作为设计的主色调，营造出热烈、活泼的视觉效果。同时，设计师还可以根据设计主题和意识观念，将剪纸艺术的色彩与其他元素相结合，形成更多元化的设计风格。

（三）镂空技法应用

剪纸艺术中的镂空技法是一种独特的艺术表现形式，具有透气、轻盈、立体感强等特点。在服装设计中，设计师可以借鉴剪纸艺术的镂空技法，通过镂空、雕刻等手法在服装表面形成独特的花纹和图案，使服装更具层次感和立体感。同时，镂空技法还可以用在服装的裁剪和缝制过程中，使服装更具设计感和创意性。

（四）文化内涵应用

作为中华民族的传统手工艺之一，剪纸艺术蕴含着丰富的文化内涵和民俗风情。在服装设计中，设计师可以深入挖掘剪纸艺术的文化内涵，将其所蕴含的吉祥寓意、美好愿望等文化元素融入设计中。巧妙地运用剪纸元素的文化内涵，可以使服装更具民族特色和地域风情，提升服装的文化品位和艺术价值。

总的来说，剪纸元素在服装设计中的应用需要设计师对剪纸艺术有深入的理解和感悟，同时还需要具备创新的设计思维和精湛的工艺技术。通过巧妙地运用剪纸元素的各种特点和技法，可以为服装设计注入新的生命力和艺术魅力，使设计师创作出更具设计感和时尚感的服装作品。

六、实例分析

在服装设计中，剪纸艺术元素应用比较普遍，尤其在中国文化逐渐被世界熟知的当下。例如，在2006年央视春节联欢晚会上，就有一群女孩身穿剪纸元素服装，表演舞蹈《剪纸姑娘》，她们的剪纸元素服装风格独特，能够借助白底红花纹凸显婀娜的身姿。在国际服装设计领域，中国剪纸艺术的接受度也越来越高。例如，在 2013 年伦敦春夏系列流行趋势服装秀中，就有相当数量的服装以镂空剪纸元素作为主要点缀，这种中国元素的服装穿在西方模特的身上，表现出一种反差美，将中国剪纸艺术进一步推向世界，同时也为国际服装设计提供了新的思路。

第五节 建筑元素在服装设计中的提取与转化

一、中式建筑的解读

（一）中式建筑的界定

中式建筑，具体是指中国传统的建筑特点和建筑模式。这种建筑风格有着长久的历史，积累了丰富的经验和技术，可以追溯到六七千年前的人类文明。中式建筑在结构、材料和施工工艺等方面都有独特的特点，如以土木结构为主，采用坡屋檐、柱子、基座、斗拱、院落、围廊等元素。

需要注意的是，中式建筑并不是一种固定不变的风格，而是在不同的历史阶段和地域文化中，呈现出不同的特点和发展趋势。因此，对中式建筑的界定，需要考虑到其历史渊源、地域特色和文化内涵等多个方面。

在现代建筑设计中，中式建筑元素仍然受到广泛的关注和喜爱。新中式建筑，作为对传统中式建筑的一种当代演绎，通过对传统文化的认识和研究，将现代元素和传统元素结合在一起，以现代人的审美和需求来打造富有中国特色的建筑形式。这种建筑形式既继承了传统建筑的精髓，又适应了现代生活的需求，成为现代建筑设计中的重要趋势之一。

总的来说，中式建筑是一种具有悠久历史和独特文化内涵的建筑风格，对其的界定需要综合考虑多个方面。同时，新中式建筑作为传统建筑文化在当代的演绎和发展，也为现代建筑设计提供了重要的参考和启示。

（二）中式建筑的分类

中式建筑的分类可以从多个角度进行，包括但不限于建筑物的性质与功能、建筑风格、历史时期和地域特色等。以下是根据建筑物的性质与功能，对中式建筑进行的一些常见分类。

（1）宫殿建筑。这是帝王居住的院落式建筑群，通常呈现出庄严、豪华、富丽堂皇的特点。宫殿建筑以规模宏大、装饰富丽堂皇、陈设豪华而著称，如中国的故宫。

（2）民居建筑。这是中国传统建筑中最为普遍、最具代表性的一种建筑类型，通常呈现出简洁、朴素、实用的特点。民居建筑反映了普通百姓的生活方式和审美观念，如北京的四合院。

（3）宗教建筑。这是人们从事宗教活动的主要场所，包括佛教的寺、庵、堂、院，道教的祠、宫、庙、观，以及伊斯兰教的清真寺和基督教的礼拜堂等。宗教建筑通常具有庄严肃穆、宏伟壮观的特点，是信徒们进行宗教活动场所。

（4）园林建筑。这是以自然景观为主，以人工修葺为辅的建筑类型，其通过造景手法创作出一种美丽、优雅、舒适的环境。园林建筑通常包括亭、台、楼、阁、榭、舫、廊、斋、轩、堂、馆、桥、坞、甬路等元素，是中国传统园林艺术的代表。

此外，中式建筑还可以根据建筑风格、历史时期和地域特色等进行分类。例如，按照建筑风格可以分为庄重严肃的庙宇、道观，雍容华丽的宫殿、府邸，以及温婉秀丽的园林等。同时，由于中国历史悠久，疆域辽阔，自然环境多种多样，社会经济环境也不尽相同，因此在漫长的历史发展过程中逐步形成了多种多样的建筑形式和风格。

总的来说，中式建筑的分类复杂而多元，需要综合考虑多个因素。不同类型的中式建筑具有各自独特的特点和价值，共同构成了中国传统建筑文化的丰富多彩。

（三）中式建筑元素

中式建筑元素是中国传统建筑文化的代表，其设计元素充满了历史与文化的积淀。以下是对中式建筑元素的解读。

（1）屋顶。中式建筑的屋顶是其显著特点之一，一般采用坡面设计，能够有效地排水和遮阳。同时，屋顶的装饰也非常丰富，如脊兽、瓦当、滴水等，这些装饰不仅美观，还能够防止风雨侵蚀。

（2）墙体。中式建筑的墙体一般为砖墙或土墙，能够有效地保温和隔热。同时墙体的装饰也非常丰富，如砖雕、石雕、木雕等，这些装饰能够突出建筑的主题和风格。

（3）门窗。中式建筑的门窗是其灵魂，一般采用木质材料，能够有效地隔热和隔音。同时门窗的装饰也非常丰富，如格子窗、花窗、屏风等，这些装饰能够增加建筑的美观度和舒适度。

（4）庭院。中式建筑的庭院是其重要组成部分之一，一般采用园林设计，能够增加建筑的景观效果和舒适度。同时庭院的装饰也非常丰富，如假山、池塘、花木等，这些装饰能够突出建筑的主题和风格。

此外，中式建筑元素还包括马头墙、朱红色大门等特色元素。马头墙是徽派建筑的重要特色，在聚族而居的村落中，民居建筑密度较大，不利于防火的问题比较突出，而高高的马头墙，能在相邻民居发生火灾的情况下，起到隔断火源的作用，故而马头墙又被称为封火墙。朱红色大门则象征着庄重和高贵。

总的来说，中式建筑元素体现了中国传统文化的深厚底蕴和独特魅力，是中国传统建筑文化的代表之一。在现代建筑设计中，中式建筑元素仍然受到广泛的关注和喜爱，成为现代建筑设计的重要参考对象。

二、品牌服装设计的解读

品牌服装设计是一个综合性的过程，涉及对品牌理念、目标市场、消费者需求、时尚趋势等多方面的理解和把握。以下是对品牌服装设计的一些解读。

（一）品牌理念的体现

品牌服装设计需要紧密围绕品牌的核心价值和理念进行。无论是高端奢侈品牌还是快时尚品牌，其服装设计都应该体现出品牌所追求的品质、风格、价值观等。例如，奢侈品品牌如香奈儿、迪奥等，其服装设计往往追求经典、优雅、奢华，以彰显品牌的高贵与尊贵，而快时尚品牌如 Zara、H&M 等，则更注重时尚、潮流、快速更新，以满足年轻消费者对时尚的追求。

（二）目标市场的定位

品牌服装设计需要考虑目标市场的需求和特点。不同的市场有不同的消费者群体，他们的年龄、性别、职业、收入、文化背景等都会影响他们的审美和购买行为。因此，品牌服装设计需要根据目标市场的特点，设计出符合消费者需求的服装产品。例如，针对年轻消费者的品牌，其服装设计可能更注重个性、时尚、多元化，而针对成熟消费者的品牌，则可能更注重品质、舒适度、经典与简约。

（三）时尚趋势的把握

品牌服装设计要紧跟时尚潮流，把握时尚趋势。时尚是一个不断变化的领域，新的设计理念、面料、款式等不断涌现。品牌服装设计要敏锐地捕捉到这些变化，并将其融入自己的设计中。同时，品牌也要根据自身的定位和消费者的需求，对时尚趋势进行筛选和转化，以创作独具特色的服装产品。

（四）设计创新与个性化

品牌服装设计要注重创新和个性化。在竞争激烈的服装市场中，只有不断创新和突破，才能吸引消费者的眼球。品牌服装设计可以通过独特的款式、面料、色彩等元素来打造个性化的产品形象，以区别于竞争对手。同时，品牌服装设计也可以通过与知名设计师、艺术家等合作，引入新的设计理念和元素，提升品牌的时尚度和影响力。

总之，品牌服装设计是一个综合性的过程，需要考虑到品牌理念、目标市场、消费者需求、时尚趋势等多个方面。只有在这些方面做到精准把握和创新突破，才能打造出具有独特魅力和市场竞争力的服装品牌。

三、中式建筑元素与品牌服装设计的关联性

中式建筑元素与品牌服装设计之间存在一定的关联性，这种关联性主要体现在以下几个方面。

（一）文化内涵的共鸣

中式建筑元素蕴含着丰富的文化内涵，代表着中国人对美好生活的向往和追求。品牌服装设计通过融入中式建筑元素，可以传达出其对传统文化的尊重和传承，引发消费者的文化共鸣和情感认同，从而提升品牌的文化价值和市场竞争力。

（二）艺术审美的互通

中式建筑元素以其独特的造型、色彩和装饰手法，展现出一种典雅、庄重的艺术美感。品牌服装设计可以借鉴中式建筑元素的艺术特点，将其运用到服装款式、色彩搭配和面料选择等方面，创作出具有中式风格的服装作品，满足消费者对独特艺术审美的追求。

（三）创新设计的灵感

中式建筑元素中的屋顶、墙体、门窗等构造，以及雕刻、彩绘等装饰手法，都给品牌服装设计提供了丰富的灵感来源。设计师可以通过对中式建筑元素的深入研究和创新应用，将传统元素与现代设计理念相结合，打造出既具有传统韵味又不失时尚感的服装作品，满足消费者对个性化和创新性的需求。

综上所述，中式建筑元素与品牌服装设计之间存在密切的关联性。通过深入挖掘中式建筑元素的文化内涵和艺术审美特点，并将其巧妙地融入品牌服装设计中，不仅可以提升品牌的文化价值和市场竞争力，还能满足消费者对独特艺术审美和个性化需求的追求。

四、建筑元素的提取

中式建筑以其独特的形态和风格，成为服装设计者汲取灵感的源泉。中式建筑的屋顶、墙体、门窗等元素，都具有鲜明的特点和深厚的文化内涵。例如，中式建筑的屋顶多采用坡面设计，寓意着"天人合一"的哲学思想；门窗则常采用格子窗、花窗等形式，既美观又实用。这些元素不仅具有独特的审美价值，还蕴含着丰富的文化内涵，为服装设计提供了广阔的创意空间。

通过对中式建筑的解读和分析，服装设计者可以深入了解其形态特征与成因，从而将其巧妙地运用到服装设计中。例如，在服装款式上，可以借鉴中式建筑的线条和比例，打造出既符合人体工学又具有中式美感的服装造型；在色彩搭配上，可以运用中式建筑中的传统色彩，如朱红、金黄等，营造出浓郁的中国风情；在面料选择上，可以将中式建筑中的装饰手法，如雕刻、彩绘等，运用到服装的细节设计中。

（一）形态的提取

建筑和服装虽然属于不同的艺术领域，但它们在设计理念、材料选择和形态构造等方面有许多共通之处。因此，将建筑元素中的形态巧妙地融入服装设计，不仅可以为服装注入新的灵感和创意，还可以拓展服装设计的表现力和深度。

建筑元素中的形态丰富多样，包括线条、形状、结构、空间等。这些形态在建筑设计中扮演着重要的角色，塑造出独特的建筑风格和空间感受。例如，直线和曲线是建筑中最基本的线条形态，它们可以表现出建筑的稳重、流动、优雅等不同的气质；形状和结构则决定了建筑的外观和内部空间布局，如圆形、方形、拱形等形状，以及梁柱、拱券、穹顶等结构形式。从建筑元素中提取出基本的形态，如线条、轮廓、比例等可以为服装设计提供丰富的视觉元素和灵感来源。以下是从建筑元素中提取线条、轮廓和比例等形态，并如何将其应用于服装设计中的具体例子。

1. 线条的提取与应用

例子：从中国传统建筑中的檐口、窗棂或飞檐等元素中，我们可以提取出流畅而优雅的线条。

应用：这些线条可以被用于服装的剪裁中，如裙摆、袖口或领口的设计，赋予服装一种动态和优雅的感觉。

2. 轮廓的提取与应用

例子：古建筑的屋顶轮廓，如歇山顶、悬山顶等，都具有鲜明的轮廓特征。

应用：这些轮廓可以被转化为服装的外部形状，如外套的轮廓、连衣裙的裙摆或帽子的形状，使服装呈现出一种独特的建筑美感。

3. 比例的提取与应用

例子：在建筑中，门窗与墙面的比例、柱与梁的比例等都经过精心设计。

应用：这些比例可以应用于服装设计中，如上衣与裙子的长度比例、领口与衣身的比例等，以创作出和谐而平衡的视觉效果。

设计师可以通过对建筑元素的深入研究，从中提取出各种形态的元素，并将其巧妙地融入服装设计中。这些形态元素不仅可以增强服装的审美价值，还可以使服装呈现出独特的文化韵味和个性风格。同时，设计师还需要考虑如何将这些形态元素与服装的功能性、舒适性以及目标市场的审美需求相结合，以创作出既美观又实用的服装作品。

（二）色彩提取

从建筑中提取色彩是一种富有创作性和启发性的设计过程。建筑色彩不仅反映了其历史、文化和地域特色，还体现了古代人们的审美观念；不仅蕴含了深厚的文化内涵，同时也为服装设计师提供了丰富的色彩灵感。这些色彩可以为服装设计提供调色板，帮助设计师做好符合主题的色彩搭配。

1. 传统色彩和现代色彩

从中国建筑中，我们可以提取出两大类色彩：传统色彩和现代色彩。

（1）传统色彩

红色。在中国传统建筑中，红色是最为常见的色彩之一，象征着吉祥、繁荣和喜庆。宫殿、庙宇等重要建筑常常以红色为主调，体现出皇家的尊贵和权威。

黄色。黄色在中国传统文化中代表着皇权和尊贵，因此在皇家建筑和寺庙中经常可以看到黄色被用作重要的装饰色彩。

蓝色和绿色。这两种色彩常常被用于装饰传统建筑的屋顶和檐口，代表着天空和大地，象征着天地之间的和谐。

黑色和白色。这两种色彩在中国传统建筑中也有广泛的应用，尤其是在江南水乡的建筑中，黑白相间的色调给人一种宁静、淡雅的感觉。

（2）现代色彩

随着时代的变迁，中国传统建筑也开始融入一些现代色彩元素，这些色彩更加鲜艳、明快，符合现代人的审美需求。

金色和银色。这两种色彩在现代建筑设计中常常被用作装饰元素，如金色的檐口、银色的门窗等，给人一种高贵、华丽的感觉。

粉色和紫色。这些色彩在中国传统建筑中虽有出现，但相对较少。在现代建筑设计中，这些色彩被更多地应用于室内装饰和家具设计中，给人一种温馨、浪漫的感觉。

2. 色彩在服装设计中的应用

从中国传统建筑中提取出的这些色彩可以为服装设计提供丰富的调色板。设计师可以根据不同的主题和需求，选择合适的色彩进行搭配。例如，设计师可以运用红色来设计出充满喜庆和活力的服装，或者运用蓝色和绿色的搭配来打造出清新、自然的风格，还可以运用金色和银色的搭配来展现出高贵、华丽的氛围。同时，设计师也可以将这些传统色彩与现代色彩进行巧妙的结合，创作出既具有传统文化韵味又具有现代时尚感的服装作品。通过巧妙地运用色彩，设计师可以将中国传统建筑的魅力注入现代服装设计中，为时尚界注入新的灵感和活力。

（三）纹理提取

中国传统建筑表面的纹理、雕刻和装饰元素是极为丰富的艺术宝库，它们蕴含着深厚的历史文化底蕴和精湛的工艺技术。将这些元素巧妙地提取并转化为服装的面料、图案或装饰元素，不仅是对传统文化的传承和发扬，也可以为现代服装设计注入新的创意和灵感。

1. 转化为面料

中国传统建筑表面的纹理，如砖石的纹理、木材的纹理等，都可以通过特殊的面料处理技术转化为服装的面料。例如，利用印花技术将这些纹理印在面料上，或者使用具有相似纹理的织物，如麻布、粗布等，来呈现中国传统建筑的质朴和厚重感。

2. 转化为图案

中国传统建筑上的雕刻和装饰图案，如窗棂图案、檐口图案、梁间雕刻等，都是极具艺术价值的元素。这些图案可以被提取出来，经过设计师的巧思妙想，转化为服装的印花图案或刺绣图案。这些图案可以布局在服装的显著位置，如衣领、袖口、裙摆等处，使服装在细节上呈现出中国传统建筑的独特韵味。

3. 转化为装饰元素

中国传统建筑上的装饰元素，如琉璃瓦、飞檐、斗拱等，也可以被提取出来，转化为服装的装饰元素。例如，可以将类似琉璃瓦形态的彩色珠子或亮片缝制在服装上，或者使用金属或塑料材料制作成飞檐或斗拱的形状，缝制或粘贴在服装上，使服装在整体造型上呈现出中国传统建筑的华丽和精致感。

在提取和转化中国传统建筑表面的纹理、雕刻和装饰元素时，设计师需要深入理解这些元素的文化内涵和审美价值，同时结合现代审美趋势和时尚需求进行创新设计。通过巧妙的提取和转化，可以将中国传统建筑的艺术魅力赋予现代服装，实现传统与现代的完美融合。

五、建筑元素在服装设计中的转化

建筑元素在服装设计中的转化是一个涉及创意与技术的过程。这需要对建筑元素进行深入的研究和理解，然后将其以新的、适合服装设计的方式进行呈现。

（一）形态转化

中国传统建筑以其独特的线条、轮廓和比例著称，这些元素可以被巧妙地融入服装设计中，赋予服装一种独特的东方韵味和文化魅力。

1. 线条与轮廓的转化

将建筑中的线条元素提取出来，运用在服装的轮廓、分割线或装饰线条上。例如，设计一款连衣裙，其裙摆部分模仿屋檐的曲线，呈现出一种轻盈飘逸的感觉；或者设计一款外套，其领口和袖口部分采用类似屋檐的线条设计，使整体造型更加优雅动人。

2. 比例的转化

在服装设计中，设计师可以借鉴建筑设计中的比例和对称原则。例如，设计一款旗袍，其长度和宽度都遵循身体的自然曲线，展现出女性的优雅身姿；或者设计一款男女通用的外套，其前后对称的布局和合适的肩宽与衣长比例，使整体造型更加和谐平衡。

3. 形状的转化

将建筑中的形状元素进行提炼和变形，运用在服装的款式和剪裁上。例如，建筑中的立体几何形状可以转化为服装中的立体剪裁和结构设计，使服装呈现出独特的立体感和空间感。

4. 结构的转化

借鉴建筑中的结构形式和构造原理，将其运用在服装的结构设计和制作工艺上。例如，建筑中的梁柱结构可以启发服装设计师形成具有支撑和塑形作用的服装结构，提高服装的稳定性和造型感。

5. 空间的转化

将建筑中的空间感和层次感引入服装设计，通过面料的选择、搭配和层叠等手法，营造出丰富的空间层次和视觉效果。例如，建筑中的通透感和层次感在服装设计中可以通过面料的透明度与重叠设计来实现，使服装呈现出一种透视感和立体感。

此外，设计师还可以结合现代审美和时尚趋势，对传统建筑形态进行创新和改造，通过巧妙地运用线条、轮廓和比例等设计元素，打造出具有独特魅力和时代感的服装作品。

总之，通过将建筑元素中的形态巧妙地融入服装设计，可以为服装注入新的灵感和创意，拓展服装设计的表现力和深度。未来，随着科技的发展和审美观念的变化，建筑元素在服装设计中的应用将呈现出更加多元化和创新性的趋势。例如，可以利用3D打印技术将建筑模型转化为可穿戴的服装，或者通过虚拟现实技术，实现建筑与服装的交互式体验等。这些新技术和新理念将为建筑元素在服装设计中的应用带来更多的可能性。

（二）色彩转化

中国传统建筑色彩丰富多样，既有浓烈的对比色，也有和谐的同色系，这些色彩可以为服装设计提供丰富的灵感来源。

首先，我们要深入研究中国传统建筑色彩的特点和寓意。红色、黄色、蓝色、绿色等都是中国传统建筑常用的色彩，每种色彩都有其独特的象征意义和文化内涵。例如，红色代表喜庆和吉祥，黄色代表尊贵和权威,蓝色代表宁静和深远,绿色代表生机和希望。

其次,我们要考虑这些色彩在服装上的呈现效果。不同的色彩对人的视觉和心理有不同的影响,同时也会因为面料、款式和穿着者的肤色、气质等因素产生不同的效果。因此,在将建筑色彩转化为服装色彩时,我们还需要综合考虑这些因素,以确保色彩搭配的和谐与美观。

再次,我们要考虑色彩与面料和款式的协调性。不同的面料对色彩的呈现效果有不同的影响,如丝绸面料可以呈现出柔和而华丽的色彩效果,棉质面料则更偏向于清新自然的感觉。同样,不同的款式也需要搭配不同的色彩来突出其特点。例如,传统的旗袍通常选用红色、蓝色等浓烈的色彩来凸显其优雅端庄的气质,而现代的休闲装则可能更倾向采用绿色、黄色等轻松活泼的色彩。

最后,我们可以结合现代审美和时尚趋势来创新色彩搭配。传统的色彩搭配方式并不一定完全适用于现代服装设计,因此我们可以对传统色彩进行解构和重组,形成更符合现代审美需求的色彩搭配方式。同时,我们也可以借鉴其他艺术领域的色彩运用手法,如绘画、摄影等,来丰富服装的色彩表现。

综上所述,将中国传统建筑色彩转化为服装的色彩搭配是一项需要深入研究和实践的任务。通过综合考虑色彩的特点、寓意、呈现效果以及其与面料和款式的协调性等因素,我们可以创作出既符合传统文化内涵又具有现代审美价值的服装作品。

（三）纹理转化

中国传统建筑以独特的纹理和图案闻名,如砖石的纹理、木雕的图案以及琉璃瓦的色彩和纹理等,这些都为现代服装设计提供了丰富的灵感来源。

要将这些建筑纹理转化为服装面料纹理或图案,我们可以使用以下的面料处理技术和方法。

1.印花技术

利用印花技术将建筑纹理或图案直接印在面料上。这可以通过使用数字印花机或传统的丝网印刷技术来实现。例如，可以提取古建筑中的砖石纹理或木雕图案，然后将其以高清晰度的形式印在棉质、丝绸或合成面料上。

2. 刺绣技术

通过刺绣技术将建筑纹理或图案绣在面料上，这种方法能够增加面料的立体感和质感。设计师可以使用传统的手工刺绣或现代的机器刺绣来实现，例如，模仿古建筑中的窗棂图案或琉璃瓦的色彩搭配，将其绣在丝绸或亚麻面料上。

3. 编织技术

通过编织技术将建筑纹理或图案直接编织进面料中，通过使用特殊的织机或手工编织来实现这种技术。例如，可以设计一种以古建筑中的砖石纹理为灵感的针织面料，通过改变纱线的颜色和编织方式来呈现出纹理效果。

4. 面料拼接与组合

通过不同面料的拼接和组合来创作独特的纹理和图案效果。可以使用具有不同纹理和图案的面料进行拼接，以呈现出一种类似于古建筑中复杂细节的效果。

在实施这些面料处理技术时，设计师还要考虑面料的可穿性和舒适性，同时，要结合现代审美趋势和时尚元素，对传统建筑纹理进行创新和改造，以创作出既符合传统文化韵味又具有现代感的服装作品。

总之，通过运用不同的面料处理技术和方法，我们可以将这些建筑纹理转化为具有独特美感和文化内涵的服装作品。

在提取和转化建筑元素时，设计师还需要考虑服装的实用性、舒适性以及目标市场的审美需求。这要求设计师具有深厚的设计功底和敏锐的市场洞察力。总的来说，建筑元素在服装设计中的提取与转化是一个复杂而富有创作性的过程。它需要设计师对建筑元素有深入的理解，同时还需要具备将这些元素转化为服装设计的能力。

总之，中式建筑作为中国传统文化的重要组成部分，为服装设计者提供了丰富的设计素材和灵感来源。通过对中式建筑的深入研究和巧妙运用，服装设计者可以打造出既具有中国传统文化韵味又不失现代时尚感的服装作品，满足消费者对独特艺术审美和文化认同的追求。同时，这也有助于推动中国传统文化的传承和发展，让更多人了解和喜爱中国的传统文化。

第六节　其他元素在服装设计中的提取与转化

一、汉代漆器装饰纹样元素在服装设计中的提取与转化

（一）汉代漆器装饰纹样分类

汉代漆器装饰纹样繁多，主要可以分为以下几类。

（1）云气纹。这是汉代漆器上非常常见的装饰纹样，它变化多端，具有强烈的流动感和韵律感。云气纹常与其他纹样配合使用，使整个装饰画面更加生动和富有层次感。

（2）动物纹。包括龙凤、夔螭、麒麟、辟邪、神鹿、犀牛、虎豹、牛羊、猫鼠、天鹅、龟鱼、蛙蛇等多种动物形象。这些动物纹样通常被描绘得栩栩如生，形态各异，充满活力和动感。它们常被配以缥缈的云气纹，营造出一种神秘而浪漫的氛围。

（3）人物纹。受儒道思想影响，汉代漆器上的人物纹样多以神仙羽人、孝子烈女以及狩猎、乐舞等享乐题材为主。这些人物纹样通常被描绘得非常细腻，注重表现人物的神态和情感。后期则多出现由传说故事构成的装饰绘画，具有更强的叙事性和情节性。

（4）植物纹。这种纹样在汉代漆器装饰纹样中所占比例较少，主要有卷草、四瓣花、柿蒂纹等几种。这些植物纹样通常被描绘得简洁明快，线条流畅，富有韵律感。

（5）几何纹。包括圆圈、涡纹、方连、锯齿、棋格、圆璧、B字

纹等多种几何形状。这些几何纹样通常以简洁的线条和形状构成，具有高度的抽象性和概括性，常被用作器物上的边饰或主体纹饰的辅助元素，使整个装饰画面更加协调和统一。

除了以上几类主要纹样，汉代漆器上还有一些具有浓郁生活气息的装饰纹样，如狩猎、舞蹈、仙人等。这些纹样通常以生动的场景和人物形象来表现当时的社会生活和风土人情。

在装饰手法上，汉代漆器采用了涂绘、油彩、针刻等多种技法。其中涂绘是最常用的装饰手法之一，它使用生漆制成的半透明漆加入某种颜料在黑漆地上描绘红、赭、灰绿等色漆，也有在红漆地上描绘黑色漆的。油彩是采用朱砂或石绿等颜料调油后在已髹漆的器物上进行绘画。针刻则是在髹漆的器物上用针进行镌刻以形成纹饰的。这些装饰手法使汉代漆器的纹饰更加丰富多彩，具有很高的艺术价值。

（二）汉代漆器装饰纹样的艺术审美

汉代漆器装饰纹样的艺术审美体现了当时独特的审美追求和艺术风格，以下进行详细分析。

1. 具象题材、抽象运用

在汉代漆器装饰纹样中，既有具象的题材，如动物、人物、植物等，也有抽象的几何纹样。艺术家们在处理这些具象题材时，常常采用抽象化的手法，将具体的形象转化为富有象征性和装饰性的图案。例如，云气纹虽然源自自然界的云彩和气流，但在漆器上却被抽象化为流动的线条和卷曲的形状，与具体的云彩形象已有了较大的距离。这种具象题材与抽象运用的结合，既保留了题材本身的形象特征，又可以赋予其更强的装饰性和艺术表现力。

2. 繁复求变、乱中有序

汉代漆器装饰纹样的另一个显著特点是繁复求变、乱中有序。艺术家们在创作时，往往将多种纹样交织在一起，构成复杂而丰富的装饰画面。这些纹样虽然种类繁多、形态各异，但在整体布局上却呈现出一种有序的状态。通过巧妙的组合和排列，艺术家们使这些看似杂乱的纹样相互映衬、相互呼应，共同构成了和谐统一的装饰效果。这种繁复求变、乱中有序的装饰手法，不仅展示了艺术家们高超的巧思和技艺，也使汉代漆器装饰纹样更加丰富多彩、引人入胜。

3. 以线成面、线面互补

在汉代漆器装饰纹样中，线条和面块是两种主要的造型元素。艺术家们善于运用线条的流动和变化来勾勒形象、描绘细节，同时也注重利用面块的形状和色彩来营造氛围、突出主题。线条和面块在装饰画面中相互交织、相互补充，进而达到完整而丰富的视觉效果。这种以线成面、线面互补的装饰手法，不仅增强了纹样的立体感和层次感，也使整个装饰画面更加生动和富有感染力。

4. 艳丽明快、朴素华美

汉代漆器装饰纹样的色彩运用是其艺术审美的重要方面之一。艺术家们在创作时，善于运用各种鲜艳的色彩来渲染气氛、突出主题。这些色彩虽然艳丽明快，但并不显得过于炫目，而是与整个装饰画面的风格和主题相协调的，共同营造出一种朴素华美的视觉效果。这种艳丽明快、朴素华美的色彩运用，不仅使汉代漆器装饰纹样更加丰富多彩、引人入胜，也反映了当时人们的审美追求和艺术风格。

（三）汉代漆器装饰纹样在服装设计中的提取

1. 直接提取

可以直接从汉代漆器装饰纹样中提取元素，然后将其运用到服装设计中。这种方法能够直观地传达出汉代漆器纹样的信息，使服装具有独特的韵味和风格。例如，设计师可以提取云气纹、动物纹等具体的纹样元素，通过巧妙的组合和排列，将其融入服装的图案设计中。

2. 简化与重组

在提取汉代漆器装饰纹样的基础上，可以对其进行简化和重组。通过去除一些复杂的细节，保留纹样的基本形态和特征，使其更加适合现代服装的审美需求。同时，还可以将不同的纹样元素进行组合和搭配，打造出具有新的图案和视觉效果的作品。

3. 抽象化与意象化

除了直接提取和简化重组，还可以采用抽象化和意象化的手法来处理汉代漆器装饰纹样。通过提取纹样的寓意和象征意义，运用抽象化的线条和形状来表达，从而构建更深层的意境和情感。这种方法能够使服装设计更具艺术性和文化内涵。

在提取汉代漆器装饰纹样的过程中，需要注意以下几点。

（1）保持纹样的特征。在提取和简化汉代漆器装饰纹样时，需要保持其独特的形态和特征，避免过度改变而导致失去原有的韵味和风格。

（2）注重整体协调。在将汉代漆器装饰纹样运用到服装设计中时，需要注重整体协调性。设计师要考虑纹样与服装款式、色彩等方面的搭配和融合，使整个设计更加和谐统一。

（3）创新与传承。在提取和运用汉代漆器装饰纹样时，既要注重传承传统文化元素，又要注重创新设计思路。通过巧妙的组合和创新的手法，使传统元素与现代设计相结合，创作出更具时代感和艺术性的服装作品。

（四）汉代漆器装饰纹样在服装设计中的应用

汉代漆器装饰纹样在服装设计中的应用实例相当丰富多样。以下是几个具体的应用实例。

1. 云气纹的应用

设计师可以提取汉代漆器上的云气纹样，将其巧妙地运用到服装的图案设计中。例如，在连衣裙或长袍的裙摆上，采用云气纹作为装饰图案，通过流畅的线条和卷曲的形状，营造出一种优雅而神秘的氛围。这种应用方式既保留了云气纹的独特韵味，又使服装呈现出古朴典雅的风格。

2. 动物纹的应用

汉代漆器上的动物纹样如龙凤、夔螭等是服装设计的常用元素。设计师可以将这些动物纹样提取出来，经过简化和重组后，运用到服装的图案或配饰设计中。例如，在旗袍或外套上绣上精美的龙凤纹样，既展现出传统文化的魅力，又可以赋予服装独特的艺术价值。

3. 几何纹的应用

汉代漆器上的几何纹样具有简洁明快的特点，适合用于服装的边角装饰或整体图案设计。设计师可以提取几何纹样的基本形态和线条特征，将其巧妙地融入服装的结构和图案中。例如，在衬衫的领口、袖口或裤子的侧边处，运用几何纹样作为装饰元素，既增加了服装的立体感，又可以凸显现代设计的简约风格。

除了以上几个应用实例，设计师还可以根据汉代漆器装饰纹样的特点和风格，结合现代审美和时尚趋势，进行更多的创新和尝试。通过巧妙的组合和创新的手法，将传统元素与现代设计相结合，可以创作出更具时代感和艺术性的服装作品。这些应用实例不仅展示了汉代漆器装饰纹样在服装设计中的多样性和灵活性，也体现出传统文化与现代设计的融合与创新。在应用汉代漆器装饰纹样时，设计师需要注重整体协调性，要考虑纹样与服装款式、色彩等方面的搭配和融合，使整个设计更加和谐统一。同时，创新也是必不可少的，设计师需要在传承传统文化元素的基础上，注重创新设计思路，通过巧妙的组合和创新的手法，使传统元素与现代设计相结合，创作出更具时代感和艺术性的服装作品。

总的来说，汉代漆器装饰纹样在服装设计中的应用具有广泛的可能性和丰富的表现力。通过巧妙的手法和创新的设计思路，设计师可以将这些传统元素融入现代服装中，为现代服装赋予独特的韵味和风格。

二、中国传统戏曲服装元素在服装设计中的提取与转化

（一）中国传统戏曲服装

中国传统戏曲服装是戏曲表演艺术中的重要组成部分，具有独特的艺术魅力和文化价值。这些服装是从生活中提炼加工而成的艺术化服饰，源自生活而高于生活，在某种程度上类似于历史生活服饰，但并非完全复制历史生活服饰。

传统戏曲服装以明代服饰为基础，经过艺术加工和改良，形成了独特的体系。这些服装在色彩、图案、款式等方面都有严格的规定和象征意义，与戏曲表演的角色、身份、性格等密切相关。例如，蟒袍是扮演帝王将相等高贵身份角色时使用的特定服饰，其色彩丰富多样，包括明黄色、杏黄色、红色、黑色、蓝色等，不同颜色代表不同的身份和地位。同时，蟒袍上的图案也主要是龙形和凤形图案，进一步彰显了角色的尊贵身份。此外，戏曲服装中还有许多其他具有象征意义的服饰，如靠旗、水袖、飘带等。这些服饰不仅具有装饰作用，还能强化戏曲表演的艺术效果，营造出独特的舞台氛围。

1. 中国传统戏曲服装的起源与发展

中国传统戏曲服装的发展脉络可以追溯到古代的服饰文化和戏曲艺术的形成与发展过程。

戏曲服装的起源可以追溯到宋以前的历史时期，那时的戏曲服饰基本上是与生活、历史服饰相一致的，略作美化即可作为戏服。然而，从元、明开始，戏曲服饰逐渐与生活服饰分离，形成了特制的戏剧

服装。

到了清朝时期，戏曲服饰最终完成了"从生活化引向艺术化"的历程，形成了成熟而稳定的艺术形态。此时的戏曲服饰已经具备了写意的原则和可舞性、装饰性、程式化的美学特征。这些服饰在色彩、图案、款式等方面都有着严格的规定和象征意义，与戏曲表演的角色、身份、性格等密切相关。

在戏曲服饰的发展过程中，各种元素不断被引入和创新。例如，京剧服饰的起源可以追溯到明清时期的宫廷舞台和民间戏曲，它吸收了汉族、满族和其他少数民族的服饰元素，形成了独特的风格。其中，满族的服饰元素如蟒袍、马褂等对京剧服饰的发展产生了重要影响。到了民国时期，戏曲服饰又逐渐融合了西式服饰元素，出现了更多的改革和创新。

作为中国传统文化的重要组成部分，戏曲服饰对后世的服饰设计产生了深远的影响。同时，戏曲服饰的传统也在当代得到了传承和发展。不少设计师将戏曲服饰元素融入现代时尚设计中，使其焕发出新的生机和活力。

总的来说，中国传统戏曲服装的发展脉络是一个不断丰富和创新的过程，既受到传统文化的影响，又不断吸收外来的元素，形成了独具特色的艺术风格。这些戏曲服装不仅是戏曲表演的重要组成部分，也是中国传统文化的重要载体和表现形式。

2. 中国传统戏曲服装的主要类型

在中国传统戏曲文化中，生、旦、净、丑这四种角色类型在长期发展过程中，形成了各自独特的着装特点。这些特点不仅体现了角色的性格、身份和地位，也丰富了戏曲的视觉效果和艺术魅力。以下是对这四种角色着装特点的分析。

（1）生角。生角通常扮演男性角色，其服装色彩较为素雅，以黑、白、灰、蓝等色调为主，体现其端庄、稳重的性格特点。生角的服饰上常常绣有松、竹、梅等图案，寓意其坚韧不拔、高风亮节的品质。在款式上，生角的服装多为长袍、马褂等，展现出古代文人的儒雅气质。

（2）旦角。旦角是戏曲中的女性角色，其服装色彩鲜艳明快，以红、粉、黄、绿等暖色调为主，突出女性的柔美和温婉。旦角的服饰上常绣有花鸟鱼虫等图案，寓意女性的美丽和善良。在款式上，旦角的服装多为裙装或旗袍等，展现出女性的婀娜多姿和优雅韵味。

（3）净角。净角通常扮演性格鲜明、形象独特的男性角色，如忠臣、勇士、草莽英雄等。净角的服装色彩对比强烈，以红、黑、白等颜色为主，强调其粗犷、豪放的气质。在款式上，净角的服装多为战袍、铠甲等，展现出其英勇善战的形象。此外，净角的服饰上常常装饰有各种兽头、龙鳞等图案，以突出其威严和力量。

（4）丑角。丑角是戏曲中的喜剧角色，其服装色彩丰富多变，但整体色调较为暗淡，以灰、棕、紫等颜色为主。丑角的服饰上常绣有各种滑稽的图案或文字，以突出其诙谐幽默的特点。在款式上，丑角的服装多为短打或紧身衣等，展现出其灵活机敏的形象。此外，丑角的服饰上还可能装饰有各种小道具或饰品，以增加其表演时的趣味性和观赏性。

总之，生、旦、净、丑这四种角色类型在戏曲中各自具有独特的着装特点，这些特点不仅与角色的性格、身份和地位密切相关，也为戏曲表演增添了丰富的视觉效果和艺术魅力。

3. 中国传统戏曲服装的艺术特征

中国传统戏曲服装的艺术特征主要体现在程式性、可舞性和装饰性三个方面。以下是对这三个特征的详细解释：

（1）程式性。戏曲服装在款式、色彩、图案等方面都有严格的规定和程式，这些规定和程式是基于历史、文化和审美等多种因素形成的。例如，不同的角色类型有不同的服装款式和色彩要求，生、旦、净、丑等角色类型的服装各有特色，体现了角色的性格、身份和地位。这种程式性的规范使得戏曲服装在视觉上具有统一性和辨识度，有助于观众对角色的理解和认知。

（2）可舞性。戏曲服装的设计充分考虑了演员的表演需要，服装的款式、质料、花纹、色彩等都要根据剧中人物的社会地位、性格品质、生活环境等多方面来进行判定。戏曲服装的宽松适度、线条流畅，使得演员在表演时可以自由舞动，不受束缚。同时，服装上的各种装饰和配饰也可以随着演员的动作而摆动，增强了表演的动态感和视觉效果。

（3）装饰性。戏曲服装的装饰性是其重要的艺术特征之一。戏曲服装在色彩、图案、配饰等方面都极具装饰性，常常采用夸张、象征等手法来表现角色的性格和身份。例如，蟒袍上的龙形和凤形图案、靠旗上的各种兽头和龙鳞等，都是具有象征意义的装饰元素。这些装饰元素不仅丰富了戏曲服装的视觉效果，也增强了戏曲表演的艺术感染力。

综上所述，中国传统戏曲服装的艺术特征体现在程式性、可舞性和装饰性三个方面，这些特征共同构成了戏曲服装独特的艺术魅力和文化价值。

（二）中国传统戏曲服装元素在服装设计中的提取

中国传统戏曲服装元素在当代服装设计中的提取，是一个融合传统与现代、东方与西方的设计过程。这些元素不仅为当代时装设计提供了丰富的灵感来源，也使其更具文化底蕴和艺术价值。

在色彩方面，中国传统戏曲服装的鲜艳色彩和独特色彩搭配为当代服装设计提供了新的思路。设计师可以从戏曲服装中提取出具有代表性的色彩，如红、绿、黄、黑、白等，以及它们之间的搭配方式，将其运用到服装设计中，使服装设计图案更加生动、鲜明。

在图案方面，戏曲服装上的各种图案和纹样是当代时装设计的重要灵感来源。这些图案和纹样往往具有丰富的象征意义和历史文化内涵，设计师可以对其进行提取和简化，以符合现代审美的方式进行再设计，使其既保留传统文化的韵味，又具有现代时尚感。

在款式和剪裁方面，戏曲服装的宽松、流畅的线条以及独特的领型、袖型等可以为当代时装设计提供借鉴。设计师可以从中提取出符合现代审美的元素，结合现代剪裁技术，创作出既具有东方韵味又符合现代穿着需求的时装。

在配饰方面，戏曲服装中的头饰、耳环、手镯等配饰往往具有独特的造型和精美的工艺，设计师可以将其提取并运用到时装设计中，使服装更加完整、精致。

总之，中国传统戏曲服装元素在当代时装设计中的提取是一个不断创新和发展的过程。设计师需要深入理解和挖掘传统戏曲服装的文化内涵与艺术价值，将其与现代审美和时尚趋势相结合，创作出既具有传统文化韵味又符合现代穿着需求的服装作品。

（三）中国传统戏曲服装元素在当代服装设计中的应用

中国传统戏曲服装元素在当代服装设计中的应用是一个兼具创意与文化传承的过程。设计师们从戏曲服装中汲取灵感，将其独特的色彩、图案、款式和配饰等元素融入现代服装设计中，创作出既时尚又富有文化底蕴的作品。

首先，色彩元素的应用是关键。戏曲服装中的红、绿、黄、黑、白等鲜艳色彩，以及它们之间的巧妙搭配，为当代服装设计提供了丰富的色彩灵感。设计师们可以运用这些色彩来营造鲜明的视觉冲击力，或者通过色彩的柔和过渡来展现服装的层次感与优雅气质。

其次，图案和纹样的运用是设计师们常用的手法。戏曲服装上的龙、凤、牡丹、蝴蝶等图案和纹样，经过简化和创新处理后，可以被巧妙地融入现代时装设计中。这些图案和纹样的运用不仅丰富了服装的视觉效果，也为时装增添了传统文化的韵味。

再次，戏曲服装的款式和剪裁为当代服装设计提供了有益的借鉴。戏曲服装宽松、流畅的线条，独特的领型、袖型等元素，都可以被设计师们巧妙地运用在现代时装中。这种跨时代的融合不仅展现出设计师们的创意才华，也使得现代时装更具多样性和包容性。

最后，戏曲服装中的配饰如头饰、耳环、手镯等，为当代服装设计带来了新的灵感。这些配饰的独特造型和精美工艺，可以被设计师们巧妙地融入时装设计中，为整体造型增添一抹亮色。

总的来说，中国传统戏曲服装元素在当代时装设计中的应用是一个不断创新和发展的过程。这种跨时代的融合不仅展现出传统文化的魅力，也推动了现代时装设计的创新与发展。

第五章

中国元素在服装设计中的创新应用与表达实践

随着全球化的发展，对服装设计师来说，如何将中国传统文化元素融入设计中成为一个重要的课题。本章旨在探讨中国元素在服装设计中的多维度运用，包括拓展运用、造物美学、传统服饰元素和高级时装设计等方面。通过对中国元素在服装设计中的创新应用进行系统研究与实践探索，可以丰富现代服装设计的内涵，提升设计作品的文化品位与审美价值。撰写本章的目的在于深入剖析中国传统文化在当代服装设计中的地位和作用，探讨其与时尚产业的结合方式与路径。本章的学术价值在于为服装设计领域提供关于中国元素创新应用与表达实践的理论探讨和实践经验，为设计师在时尚创作中注入更多中华文化的精髓提供有益的参考和借鉴。

第一节　中国元素在服装设计中的拓展运用

一、新元素的选取

在当今社会中，服装设计领域中的中国元素应超越传统文化符号的界限，寻求与现代中国人的文化生活息息相关的新元素。这不仅要求设计师深入研究现代中国文化的多样性，还要求设计师关注那些能够代表现代中国文化特色的现象和信息，以便在设计中引入具有时代意义和文化价值的新元素。通过这样的探索和应用，中国元素在服装设计中的运用方式将不断被刷新，从而为设计创新提供丰富的素材和广阔的空间。

新兴的中国元素，无论是流行文化中的现象，还是大众传媒中广泛流传的思想和信息，都是现代中国生活的一部分，它们不仅映照在人们的视野中，更深植于人们的心灵和思想中。这些元素紧跟时代的步伐，不仅反映了当前社会人们的文化态度和精神追求，而且聚焦社会的价值观念，获得了广泛的认同和情感共鸣。将这些既具象又抽象的信息融入设计，利用符号化的表达手法在现代设计作品中展现，不仅能传达时代的声音，更能体现出民族精神的传承与创新。

因此，服装设计师在探索和选取新的中国元素时，应广泛吸纳现代社会的文化现象与思潮，将这些具有时代精神和文化内涵的元素转化为设计语言，以创作性的方式呈现出来。这种方法不仅能够让中国元素在全球化的背景下持续发展和自我更新，而且能够丰富国际服装设计的多样性，促进文化的交流与融合，展现出中国文化的独特魅力和现代精神。

二、新元素的界定

在探讨服装设计中中国元素的新界定时，不可忽视的是那些跨越古今的文化符号，尤其是1917年以后，即现代历史时段内涌现的独特文化现象和社会事件所孕育的新元素。这一时期，中国社会经历了翻天覆地的变化，其中不乏深刻影响国内外设计领域的文化创新和社会变革。例如，20世纪20年代的老上海月份牌、20世纪50年代的杨柳青年画、20世纪80年代的自行车大军、20世纪90年代的标语"文化衫"以及2000年后流行的蛇皮袋，这些元素不仅是那个时代中国文化特色的标识，也是现代设计领域中不断探索和创新的源泉。

这些新元素的界定和运用，不仅体现了中国文化的连续性和发展性，更显现了设计师对传统与现代的深刻理解和创作性转化。在服装设计中，这些元素经过重新解读和创新设计，不仅能够重新焕发生机，也能够激发出与众不同的设计灵感，为现代设计提供独特的文化底蕴和审美价值。例如，将老上海月份牌的复古风格与现代时尚元素相结合，就是对中国文化新元素的创新性应用。

通过这样的探索，服装设计不仅能够展现出中国丰富的文化遗产，更能在全球化的背景下凸显中国文化的独特性和创新力。这种跨时代的文化元素的融合和重塑，不仅是对中国文化传统的一种传承，更是对现代设计方式的一种扩展和丰富，展示了中国设计师如何将传统与现代、本土与国际进行巧妙结合，创作出具有全球吸引力的设计作品。

三、新元素选取的思维过程

在服装设计中引入新的中国元素，涉及一种深层次的思维过程，旨在从传统与现代的交织中提炼出具有文化意义和时代价值的元素。这个过程不仅是对物质特性的挖掘，更是对精神内涵的深度探索。以"国民床单"为例，其不仅代表了计划经济年代的物质文化遗产，同时也承载着人们对那个时代的集体记忆和情感寄托。这种普遍性的怀旧情绪和对旧物重生的欣赏，为设计师创作提供了丰富的灵感来源。

设计师在挖掘新元素的过程中，通过对这些物品背后故事的理解和情感的共鸣，将其转化为设计语言，这不仅是对物质特性的再现，更是对其精神价值的赋予。例如，将"国民床单"的织造结构、印染方式、图案布局和配色等物质特征，转化为具有怀旧风格的现代床品设计，这种转化过程体现出设计师对传统与现代融合的深刻洞察力。

同时，近年来，从蛇皮袋到黑布鞋，再到"为人民服务"挎包和"飞跃球鞋"，这些曾经属于中国街头和市井的日常用品，如今被赋予了新的设计意义，出现在国际高端品牌的产品线中。这种现象不仅展示了中国元素在国际舞台上的魅力，也反映出全球化背景下文化元素的流动和重塑。设计师在选取新元素的过程中，不仅是在进行文化挖掘，也是在进行文化传播和交流，使得这些具有中国特色的元素更容易被国际市场所接受和欣赏。

因此，选取新元素的过程是一种深度融合历史文化理解与现代设计需求的创新实践。设计师通过对过去与现在的反思和对话，不断探索和定义新的设计元素，这些元素既反映了中国丰富的文化遗产，也展现了设计师如何以创新的视角重新解读和呈现这些文化符号，从而在全球化的大背景下，讲述中国故事，传播中国文化，展现出中国设计的独特魅力。

四、对观念的挑战

在服装设计中引入中国元素，有时意味着对既定文化观念和历史背景的挑战与重新解读。这种做法不仅展现了设计师的创新勇气，也反映出服装设计作为一种文化表达方式的深度和广度。

这类设计实践挑战了对某些文化符号固有的负面看法，通过艺术化的转译和创新性的表达，赋予这些符号新的生命和正面的价值。这种做法不仅促进了对历史事件和文化符号的多角度思考，也鼓励公众对传统观念的反思和批判性审视。例如，英国知名设计师约翰·加利亚诺（John Caliano）的设计就是这种挑战传统观念和重新解读历史符号的表现。这些设计作品通过将具有历史负担的符号转化为时尚元素，不仅拓宽了设计的边界，也促进了文化对话和思想交流。这些表明，在全球化和多元文化的背景下，服装设计可以成为一种强有力的文化表达工具，通过对过去的重新审视和对传统观念的挑战，探索更广泛的设计可能性和文化意义。

五、新元素拓展运用的一般方法

（一）从素材衍生的设计

在服装设计中，素材的选择和应用是创意发展的基础，尤其是在将中国元素融入现代设计时，素材不仅承载着文化的记忆，也是传达设计理念的重要载体。通过深入挖掘素材的文化内涵和物理特性，设计师能够以独特的视角和方法，将传统与现代相结合，创作出具有文化特色和时代感的服装作品。

以"上海滩"品牌推出的老月份牌元素系列为例，该系列设计不仅是对传统素材的简单使用，更是对素材文化内涵的深度挖掘和艺术化表达。设计师通过保留老月份牌原有的色彩和纹样，运用平面印染技术，不仅突出了素材本身的历史感和艺术价值，同时也在视觉上营造出一种时光穿梭的怀旧氛围。此外，结合十九世纪二十年代的古典款式，不仅迎合了素材的怀旧风格，也使整体设计在视觉和文化层面上形成一种和谐而统一的美感。

这种从素材衍生的设计方法，体现出设计师对素材文化属性的尊重和对设计创新的追求。通过合理运用和巧妙转化传统素材，设计师不仅能够让传统文化在现代服装中得以传承和发扬，也能够在全球化的背景下展现出中国设计的独特魅力和文化自信。这种方法不仅是对传统文化的一种致敬，也是现代设计实践中对创新和多样性追求的体现，展示出将传统文化元素与现代设计理念相结合的无限可能性。

（二）看得见素材原型的设计

在服装设计领域，采用能够直观反映素材原型的设计手法，是一种富有深意的创新策略。这种设计方法特别适用融合中国元素，因为它不仅能够展示素材的原始美感和文化底蕴，同时也能够在现代设计语境中传达出独特的文化意义和审美价值。通过精心挑选并运用具有丰富文化内涵的素材，设计师可以创作出既呼应传统又符合现代审美的服装作品。

例如，"上海滩"品牌推出的老月份牌元素系列，就是一个典型的案例，它展示了如何通过保留并强调素材的原始特征，来创作出具有强烈文化特色和时代感的设计。设计师通过使用原汁原味的色彩和纹样，采用平面印染技术，不仅成功保留了老月份牌的历史感和艺术价值，而且通过与十九世纪二十年代流行的古典款式的结合，实现了整体设计的和谐与统一。这种设计不仅是对素材本身的一种展示，更是对素材背后文化和历史的深度探讨和艺术表达。

这种看得见素材原型的设计方法，体现出一种对中国文化深厚的尊重和理解。直观展示素材的原始特性，不仅能够引起观众对传统文化的共鸣，也能激发人们对文化传承和创新的思考。此外，这种设计方法在全球化的背景下尤为重要，因为它能够帮助中国设计在国际舞台上展现出独有的文化标识和创新能力，促进文化多样性的交流与理解，展现中国在全球文化和设计领域的影响力和贡献。

综上所述，看得见素材原型的设计方法不仅是一种对传统文化的致敬，更是现代服装设计中创新和多样性追求的体现。这种方法通过巧妙地结合传统文化元素与现代设计理念，展示出融合中国元素在服装设计中的无限可能性和创作力，为全球服装设计领域带来了新的灵感。

（三）相反元素的拆解组合

服装设计中，相反元素的拆解和组合是一种典型的后现代设计方法，通过这种方法，设计师能够在传统与现代、复古与时尚之间建立起一种创新的对话。这种设计方法挑战了传统设计的边界，通过引入看似矛盾的元素，创作出既新颖又具有深度的设计作品。

例如，迪奥品牌和香奈儿品牌在2003年和2009年分别将二十世纪六十年代更宽松保守的绿军装元素运用到现代西方的女式套装设计中，这种设计不仅是对军装元素的简单复制，也是一种深刻的文化和时代的融合。设计师保留了军装的基本色彩——军绿色，并通过强调修身或紧身的套装式样，将传统的军装与现代时尚相结合。通过这种看似相反的元素组合，设计师不仅成功地将历史与现实、古旧与新潮进行了自然的融合，而且通过纪念章等细节的设计，增强了作品的文化深度和视觉冲击力。

这种相反元素的拆解与组合方法，体现了后现代设计的核心特征——异化与突变，通过对传统文化元素的重新解读和创新性应用，设计师不仅能够突破常规思维，创作出具有新意的设计作品，而且能够促进文化的交流与融合，展现出多元文化背景下的设计创新力。这种方法不仅是对传统文化的一种尊重和致敬，也是对现代设计理念的一种拓展和丰富，展示出将相反元素拆解与组合的无限可能性和创作性，为服装设计领域带来了更多的探索空间和创新动力。

六、运用新元素的设计要求

（一）运用新元素的设计应符合大众化的审美需求

在服装设计中融入中国元素，旨在创作具有民族特色和文化深度的作品，同时也面临着满足现代大众审美需求的挑战。设计师在选用新元素和表现手法时，需要权衡创意与普遍性，确保设计作品既有个性又能被广泛接受。过分偏颇的元素选择或复杂难懂的设计语言，很可能就会导致作品难以被大众理解和接受，从而影响产品的市场表现。

作为一种充满文化象征意义的设计资源，对中国元素的运用不仅是为了展现民族特色，更是一种跨文化交流的方式。在全球化背景下，中国元素的国际化不仅要展示其独特的文化魅力，更要确保这些元素能够被不同文化背景的消费者所理解和欣赏。因此，设计师在运用这些元素时，要精心策划其在服装设计中的呈现方式，确保设计既有文化内涵又符合大众审美。

为了达到这一目标，服装设计应遵循以下原则：首先，设计应简洁明了，避免过于复杂的元素组合，以清晰的视觉表达吸引消费者。其次，应巧妙融合传统与现代，通过创新的设计手法将中国元素现代化，使之既保留文化特色又符合现代审美。最后，设计应具有普遍的吸引力，通过对色彩、材质、造型等方面的精心选择和搭配，打造出既具有民族特色又能够被广泛接受的时尚作品。通过这种方式，设计师不仅能够在外观上吸引消费者，还能激发他们对服装背后文化内涵的兴趣，从而建立起更稳定的消费群体，推动品牌的长期发展。在这个过程中，中国元素不仅是一种设计资源，更成为连接不同文化、促进文化理解和欣赏的桥梁，展现出中国文化的独特魅力和全球化时代的文化自信。

（二）运用新元素的设计应符合流行趋势

在服装设计中，融合中国新元素不仅要求对传统文化的深度理解和敏感把握，还要求设计符合当前的时尚趋势，以确保设计既具有文化深度，又拥有广泛的市场吸引力。在选用新元素时，设计师面临的挑战是如何平衡元素的文化意义与其在当代时尚中的流行趋势，确保设计作品既能表达出独特的民族文化特色，又能满足现代消费者的审美期待和时尚需求。

首先，在选择新元素时，设计师需要考虑元素的符号语义是否具有广泛的识别度和吸引力，能否在不同文化和时代背景下被广泛理解和接受。这要求设计师不仅要深入研究中国文化，还要对全球时尚趋势有敏锐的洞察力。其次，设计师应注重时尚意识的树立，通过对流行元素的敏感捕捉和创新应用，使得中国元素在设计中既保持原有的文化韵味，又能展现出与时代同步的时尚感。这种设计策略能够确保作品在全球化的市场中更具吸引力和竞争力。例如，设计师可以通过对中国传统文化符号的现代解构和重构，创作出既具有中国文化特色又符合国际时尚潮流的服装。这将意味着对传统图案、颜色、材料的创新使用，或是将中国传统美学原理与现代设计理念相结合，以新颖的视角和方法重新演绎中国元素，使服装设计显得新潮又不失文化深度。

（三）运用新元素应反映时代精神

在服装设计中运用中国新元素的过程，不仅是一种对传统文化的现代演绎，更是一次对当代中国社会、文化及其价值观念的深刻反映和探索。这要求设计师不仅要深入理解和掌握中国传统文化的精髓和表现手法，更要敏锐捕捉到现代中国社会的变迁、人民的进步以及审美观念的演变，从而确保设计作品能够真实地反映出新时代的民族精神和时代特征。

在创作过程中，设计师应着重考虑如何将现代中国的生活面貌、思想观念以及社会特征，通过服装设计这一特定的艺术形式表达出来。这意味着新元素的选取和应用需要超越传统的视角与范畴，不仅局限于物质文化层面的符号，如传统图案、颜色和服饰样式，还应包括非物质文化层面的元素，如现代中国人的价值观、生活态度和审美偏好等。例如，设计师可以从中国快速发展的城市生活、青年文化、科技创新等方面汲取灵感，结合现代设计理念和技术，创作出既具有中国特色又符合全球化趋势的服装作品。通过这种方式，服装设计不仅能够展示中国文化的多样性和包容性，也能够传递出积极向上、开放创新的现代中国精神。

第二节　中国造物美学在服装设计中的创新应用

一、中国造物美学在服装设计中的美学内涵体现

中国造物美学，以其深邃的文化根基和哲学思考，为现代服装设计提供了独特的视角和丰富的灵感来源。

（一）"和"的深远影响

作为中国传统文化中的核心价值观之一，"和"的美学原则影响深远，不仅体现在建筑、绘画、文学等领域，也在服装设计中占据了重要位置。这一美学原则强调的是一种整体和谐与平衡，追求在形式、色彩、材料及功能等各个方面的统一与协调，反映了人们对美的追求不仅仅局限于外在形式，更在于内在精神的和谐统一。

在服装设计中，这种"和"的美学内涵体现为设计师在创作过程中，不仅注重服装的美观、实用与舒适性的和谐统一，还力求将设计融入穿着者的文化身份和时代背景之中，使之不仅是身体的覆盖物，而且是文化与时代精神的传递者。设计师通过对色彩、线条、材质的精心选择和搭配，以及对传统元素的现代解读，创作出既符合现代审美又富含中国文化特色的服装作品，从而体现了知行合一、情景合一

的设计理念。这种设计不仅展现了服装的外在美，更深层次地表达了与"天"合而为一的追求，呈现出一种超越物质层面的内在美。

"和"的美学在现代服装设计中的运用，不仅是对中国传统文化的一种传承和发扬，更是一种对其的创新和探索。"和"的美学鼓励设计师在尊重传统的同时勇于创新，将传统美学与现代设计理念相结合，创作出既具有时代感又不失文化深度的设计作品。这种以"和"为核心的设计思想，为现代服装设计提供了一种独特的美学指导，使得服装不仅是日常生活中的必需品，也成为一种文化的表达和精神的寄托，展现出中国造物美学在当代服装设计中的深远影响和持久魅力。

（二）"意境之美"是最高审美准则

在中国造物美学中，"意境之美"占据了极其重要的位置，被视为最高的审美追求。这一美学概念强调了设计者的主观情感与客观自然环境之间的深刻交融，寻求一种超越物质层面的精神共鸣。"意境"不仅是中国诗词、绘画、音乐等艺术形式追求的核心，也深深影响着服装设计的哲学和实践。"意境"讲求的是一种"意"与"象"的相交融，通过艺术创作达到形神兼备、虚实相生的美学境界。

在服装设计中，"意境之美"的体现主要通过两方面：一是将审美创作中的"意"与"象"融合，使表象得到升华。设计师通过对服装的款式、面料、色彩的巧妙运用，结合具有深刻文化象征意义的元素，创作出既有形式美感又富含深层意义的作品。二是强调服装设计与使用者之间的精神共鸣，通过意境的营造实现心物相契、虚实统一。这种设计不仅可以增强产品的艺术价值，也可以让人在穿着体验中产生深邃的感悟和无限的回味。

通过这种方式，服装设计成为一种富有表现力的语言，能够传达设计师的情感态度和审美理念，同时也能够引发穿着者的情感共鸣和精神体验。设计师不仅关注服装的外在形态，更注重其能够引发的情感和思考，力求通过设计营造一种超越日常生活的精神氛围，让穿着者能够在现实与理想、物质与精神之间找到一种平衡。

因此，在现代服装设计中，运用"意境之美"不仅是对中国传统美学的一种致敬，也是对现代设计理念的一种创新。它鼓励设计师深挖文化根基，通过个性化和富有哲思的设计表达，创作出既符合现代审美又蕴含丰富文化内涵的服装作品，展示出中国美学在当代服装设计中的独特魅力和深远影响。

（三）伦理

在中国造物美学中，伦理不仅是一种道德规范的体现，也是一种深刻的文化和审美追求。这种伦理观念渗透于设计和造物活动的每一个环节中，反映了人们对美的追求不仅停留在物质和形式层面，还会深入体现在人与社会、人与自然的和谐共生关系中。在服装设计领域，这一伦理观念体现为对人的全面关怀，既满足人的生理需求，又尊重人的情感和道德伦理需求，从而实现了设计的人性化和社会化。

首先，服装设计的功利性确保了设计满足人们最基本的生理和使用需求。这是设计活动的出发点，也是其最基础的要求。然而，基于中国造物美学的设计观念，并不满足于此，它追求的是在满足基本需求的基础上，进一步提升设计的审美性和伦理性。

其次，服装设计的审美性反映了设计师对美的追求和表达。这不仅关乎服装的色彩、形态、材料等物质层面的美感，更关乎设计所传达的文化价值和情感意境。基于中国的造物美学，服装设计力图通过审美创作，传递出一种超越物质层面的精神追求和文化认同。

最后，服装设计的伦理性是建立在功利性和审美性基础之上的更高层次追求。它要求设计不仅要有益于人的物质和精神生活，还要符合社会的伦理道德标准，体现出对人的尊重和关怀。在实践中，这意味着设计活动应考虑其对环境的影响、对资源的可持续利用、对生产过程中工人权益的保护等方面，实现设计的社会责任和伦理价值。例如，采用可持续材料的服装设计不仅满足了人们对美的追求，也体现了对自然环境的尊重和保护；强调家族和伦理道德意识的设计，则能促进人与人之间的和谐相处，加深社会的凝聚力。通过这样的设计实践，服装不仅是穿戴的物品，也成为传递伦理道德观念、促进社会和谐发展的载体。

（四）形、神的统一

在中国造物美学中，形与神的统一是一种深刻的美学原则，体现出中国传统文化中"天人合一"的哲学思想。这一原则强调，在造物活动中，不仅要追求物质形态的美，更要注重其背后的精神意义和文化内涵，以达到外在形式与内在精神的和谐统一。在服装设计领域，这一原则有着重要的意义和应用。

"形"的追求涉及服装的外观设计，包括款式、色彩、纹理等可见的物理属性。这些元素是构成服装美感的基础，是人们第一眼所能捕捉到的美。然而，仅有"形"的美并不足以达到中国造物美学所追求的高层次审美。设计师在追求"形"的美同时，还必须深入挖掘和表达服装背后的文化精神和价值观，即"神"的追求。

"神"的追求是指服装设计所要传达的深层文化意义、情感表达和精神追求。它源自设计师对生活的观察、对文化的理解和对审美的深刻感悟。通过形与神的统一，服装不仅是穿着的工具，更成为文化的载体和精神的表达。例如，利用传统文化元素设计的服装，如以中国古典文学、传统节日或历史故事为灵感源泉的作品，不仅在视觉上给人以美的享受，在文化和情感层面也给穿着者以及观看者带来更深层的共鸣与思考。

此外，形与神的统一也体现在服装设计过程中对自然和谐的追求。《周礼·考工记》提到的"天有时，地有气，材有美，工有巧"，就强调了设计与自然条件的和谐统一。在现代服装设计中，这可以体现为对可持续材料的选择、对生态环境的尊重以及对传统手工艺的现代创新应用等方面。

总之，中国造物美学中的形、神统一原则为服装设计提供了一种独特的审美视角和深刻的文化内涵。通过遵循这一原则，设计师不仅能创作出外观美丽的服装作品，更能通过服装传递丰富的文化信息和深刻的精神价值，使服装成为连接过去与现在、沟通人与自然的桥梁，展现出中国造物美学的深远影响和持久魅力。

二、中国造物美学影响下的服装设计要求

在当代社会，服装设计在遵循中国造物美学原则的同时，必须满足以下要求，以确保其既符合现代生活的需求又深植于中国文化的精神内涵之中。

（一）符合现代人对生活和产品的需求

服装设计首先要满足使用者的实际需求，包括穿着的舒适性、功能性以及适应不同场合的需求。在现代化的社会背景下，人们对服装的要求不再仅限于基本的遮体御寒，而更加注重其审美价值、文化内涵及个性表达。因此，服装设计必须融合传统造物美学与现代设计理念，创作出既满足物质需求又富有精神价值的作品，以此获得广泛的市场认可。

（二）体现中国造物美学的精神内涵

服装设计应深刻体现中国造物美学的精神内涵，如通过设计传达人与自然和谐共生的理念，体现"天人合一"的哲学思想。设计师应利用有形的设计元素，如图案、色彩和材料，传递无形的文化意义和情感，创作出既具美感又富有意境的服装作品，从而使穿着者和观赏者能够体验到设计背后的文化深度与精神追求。

（三）符合中国传统造物理念

服装设计应秉承并发展中国的传统造物理念，如重视材料的选择与运用、追求工艺的精湛与巧妙、注重设计的实用与美观等。这些传统理念不仅是中国文化的宝贵遗产，也为现代服装设计提供了丰富的灵感和指导原则。设计师应在尊重传统的基础上，结合现代技术和材料，创新设计理念，以新的方式诠释中国美学的精髓。

（四）产品中应用和体现具有中国特色的视觉特征符号

在设计中融入具有中国特色的视觉符号，如使用传统图案、色彩和形式，可以有效传达中国文化的独特魅力。这些视觉符号不仅是文化传承的载体，也是现代设计中表现个性和创新的元素。设计师应巧妙地将这些中国元素与现代审美相结合，创作出既具有国际化视野又不失民族特色的服装设计作品，从而使其作品在全球化的市场中独树一帜，展现出中国文化的时代精神和全球影响力。

总之，服装设计在受到中国造物美学影响下，不仅要满足现代人的实际需求，更要深入挖掘和传承中国文化的精神内涵。通过现代设计手法和创新思维，将传统美学融入当代生活，创作出既具实用价值又富有文化意义的服装作品。

三、中国造物美学影响下的服装设计方法

（一）视觉层设计方法

在中国造物美学的影响下，服装设计的视觉层面采取的设计手法丰富多样，体现了对传统美学的深刻理解及其现代创新的完美结合。以下是一些典型的设计方法，它们旨在保留中国美学的核心精神，同时为现代服装设计注入新的创意和活力。

1.拆解与重构

（1）拆解

拆解方法要求设计师在深刻理解中国造物美学元素的基础上，对这些元素进行筛选和重新组织，然后将其以新的形式应用于服装设计中。这种方法的关键是在拆解过程中不失去元素的核心意义，即保留其"主心骨"，从而实现既保持传统美学精髓又展现出现代视觉传达效果的设计。

（2）重构

重构是另一种常用的设计手法，它允许设计师将中国元素的表现形式进行重新组合和解构，再融入服装产品中。这一过程不仅考虑服装的形态、色彩和质感，更将其与服装设计的整体概念相融合，引入新的概念和视觉效果，提供了对服装进行二次创作的可能性。通过归纳重构和创意式重构，设计师能够在保留原始素材整体基础上进行概括整理，或者在原有素材的基础上创作出全新的设计作品。

拆解与重构设计方法的应用，不仅体现了中国造物美学对现代服

装设计的深远影响，也展示了设计师如何在传统与现代之间寻找平衡，创作出既有文化深度又符合当代审美需求的服装作品。通过对传统美学元素的拆解与重构，现代设计师能够在服装设计中实现"形"与"神"的统一，创作出既反映时代精神又具有中国文化特色的独特服装作品，进一步丰富和发展中国的造物美学传统。

2. 夸张与提炼

（1）夸张

作为一种创作手法，夸张在服装设计中的应用可以极大地增强作品的表现力和视觉冲击力。通过对某些特征或形态的放大和强调，设计师能够突出服装的特定元素，如通过对肩膀、腰线或胸部的形态进行夸大处理，或是在领口、袖口、裙摆等部位运用独特的工艺和面料特性进行设计变革，使得整件作品呈现出新颖独特的风格。夸张不仅是形式上的变化，更是对传统造物美学中追求创新与个性表达的一种现代诠释，赋予服装超越日常生活的艺术美感，营造出独特的环境氛围和情绪表达。

（2）提炼

提炼简化是一种将复杂元素减至最少以突出核心美感的设计策略，其要求设计师在深入理解传统文化元素的基础上，精选那些能够体现设计主题和美学追求的关键元素。这种方法强调以最简洁的线条、色彩和形态来表达设计意图，去除多余的装饰，以达到一种清晰、纯粹的美学效果。在服装设计中，提炼简化不仅体现为外观造型的简洁化上，更体现为对传统工艺技法的现代变革，如现代刺绣、镶拼工艺的简化应用，既保留了传统文化的精髓，又适应了现代审美的趋势。

夸张与提炼简化这两种设计方法的运用，展现了中国造物美学在现代服装设计中的深远影响和实践价值。它们不仅为设计师提供了丰富的创作手段和表现形式，也让现代服装设计作品能够在继承传统的同时，展现出其与时代精神相契合的创新与个性，为穿着者提供了既符合现代生活需求又富有深厚文化内涵和审美价值的选择。

3. 派生与叠加

（1）派生

派生是指由主要事物逐渐演变、延伸，产生分化的意思。服装设计要从某一个造型、图案、细节等某一个设计点开始，进行渐次性的变化，这些设计点可以同时变化；或者让廓型固定不变，进而其他设计细节改变；再者就是设计细节不变化，让廓型进行改变。例如，在服装设计中的结构线可以随着设计想法的改变而改变，可以进行扭曲、拉伸、伸缩等等变化，细节可以作组合、叠加处理，从而不断派生出新的设计亮点和意态风韵，就像传统水墨画一般，传神达意。

（2）叠加

在中国造物美学的影响下，派生作为一种服装视觉层设计方法，展现出设计的连续性和变化的丰富性。派生强调的是从一个核心的设计元素出发，通过逐步演变和延伸，探索形式上的多样化和层次感。这种设计方法不仅体现了中国传统艺术中流变与衍生的美学观念，也为现代服装设计提供了无限的创新空间。

在实践中，设计师可以选择一个特定的造型、图案或细节作为设计的出发点，然后通过对这一元素的变化和扩展，产生一系列的设计变体。这种变化可以是在廓型上的调整，如通过对衣服结构线的扭曲、拉伸或缩放来改变服装的整体形态；可以是在细节上的创新，如通过组合、叠加或变形等手法，赋予服装以新的视觉效果和意义。

派生和叠加这两种设计方法的应用，不仅是形式上的创新和探索，更是对中国传统美学精神的现代演绎和发扬。通过这些方法，设计师能够在保持中国文化特色的同时，创作出既具现代感又富有创新性的服装作品，体现出形式与内容、传统与现代的完美融合。

4. 其他设计方法

在中国造物美学的指导下，服装设计的视觉层面不仅是对传统元素的简单复制或重现，而且是通过一系列更加精细和创新的设计手法，将中国的文化精神和时代特征融入现代服装设计中的设计方法。这些设计方法不仅反映了民族个性，还符合现代审美，展示出一种跨时代的文化自信和审美追求。

其他创新设计手法还有以下几种。

（1）抽象。抽象是一种将传统元素精神化、概念化的设计手法，它通过简化形式、提炼精神，将传统文化的内涵转化为更通俗易懂的视觉语言。在服装设计中，抽象手法可以通过对传统图案的简化、对色彩的巧妙运用或形态的创新表达，呈现出一种既有中国特色又具现代感的美学风格。

（2）错位。错位设计手法通过将不同文化元素、时空背景下的设计元素进行重新组合与配置，创作出意想不到的视觉效果和文化内涵。这种设计手法在服装上的应用，既可以是文化元素之间的错位，也可以是时代元素之间的错位，通过这种创新的视角，为穿着者提供一种全新的审美体验。

（3）拼接。拼接是将不同材质、颜色或图案的布料组合在一起的设计手法，它可以在服装上形成鲜明的视觉对比和丰富的层次感。通过对中国传统文化符号的拼接与现代设计元素的结合，服装设计不仅展示了材质和色彩的丰富性，更体现出中西文化交融的美学理念。

通过这些符号化的设计手法，现代服装设计能够在保留中国文化特色的同时，创作出既符合当代审美又具有时代感的作品。这些方法的应用，不仅是对中国传统造物美学的一种现代解读，也是对传统文化进行创新性传承和发展的实践，展示出中国服装设计在全球文化交流中的独特魅力和价值。

（二）内涵式设计法

在中国造物美学影响下，内涵式设计法之一的联想关联法，体现了对设计主题深度挖掘和广泛扩展的过程。这种方法不仅是一种创意发散的思维方式，也是对中国美学和文化内涵深入研究和理解的过程。通过联想关联法，设计师能够从一个核心主题出发，深入探索与之相关联的中国元素，进而创作出富有深度和文化内涵的设计作品。

1.联想关联法

通过联想关联法，设计师能够在中国造物美学的指导下，将传统文化和现代设计理念相结合，创作出既具有深厚文化底蕴又符合现代审美的设计作品。这种设计方法不仅展示了中国文化的丰富多样性和深邃美学，也为现代服装设计提供了一种创新的思维路径和设计策略，使得服装作品能够在全球化的背景下展现出独特的文化魅力和时代价值。

联想关联法的具体实施过程包括：一是主题确定。设计开始于对某一设计主题的选择，这个主题应具有明确的文化指向性和可扩展性。设计师通过对该主题的深入理解和研究，确定与之相关联的中国元素，这些元素可能是传统图案、符号、色彩、材料或者是与之相关的文化故事和哲学思想。二是联想发散。在确定了设计主题后，设计师通过联想的方式，对主题进行广泛的思维扩展。这一过程涉及对与主题相关联的其他事物、场景、故事等的思考和分析，通过静态的情景分析和动态的情节联想，不断拓宽设计的思维空间。三是子主题提炼。通过联想发散的过程，设计师将广泛的联想内容细化为更具体、更简明的子主题。这些子主题将作为设计中单一概念的展开点，为设计提供更为具体和聚焦的方向。四是设计元素转化。设计师将子主题和联想到的内容转化为具体的设计元素，如形状、色彩和材质等。在这一过程中，中国美学的语素被具体化，转化为可以直接应用于服装设计中的元素，从而确保设计作品不仅在视觉上吸引人，同时也蕴含了丰富的文化意义和美学价值。

2. 借用比喻法

在中国造物美学影响下的内涵式设计法中，借用比喻法是一种富有创作性和深邃内涵的设计策略。这种方法不仅能够增强设计作品的文化深度和艺术表现力，还能够使作品与观者之间建立更为紧密的情感联系，通过设计传达更为丰富和多层次的意义。

借用比喻法通过发现不同事物间的相似性，将看似无关的元素融入设计主题中，从而在视觉和意义上建立新的联系。这种设计方法往往依赖设计师的敏感洞察力和广博的知识储备，需要设计师能够跨越常规思维，捕捉到不同事物间的隐喻关系。

借用比喻法有：一是色彩的比喻运用。设计师可以通过色彩的比喻，将某一色彩与特定的文化意象或情感联系起来。例如，红色喻指喜庆、热情，而蓝色可能与宁静、深邃相联系。通过这种色彩比喻，服装设计不仅在视觉上吸引人，更在情感和文化层面上与穿着者产生共鸣。二是材质的比喻应用。不同的材质具有不同的质感和视觉效果，可以被用来比喻不同的自然现象或文化意象。例如，轻薄透明的材质可以用来喻指清风、流水，给人以轻盈、透明的感受，而厚重的布料则可以比喻为山岳、大地，传递出稳重和厚实的感觉。三是廓型的比喻设计。服装的廓型和结构可以成为比喻的对象，通过对服装廓型的创新设计，可以喻指某些特定的文化象征或自然形态。例如，宽松舒展的廓型可以喻指自由、舒展的态度，而紧身或结构复杂的设计则可能象征着严谨、复杂的生活态度或文化背景。四是设计效果。借用比喻法在服装设计中的应用，能够使设计作品不仅停留在美观的表面，更通过设计语言和视觉符号的深层次运用，传递出丰富的文化内涵和情感价值。这种方法使设计作品成为一种沟通的桥梁，不仅让穿着者领会到设计师的深层用意，也让服装成为传递中国文化、表达时代精神的载体。

3.意境创作法

在中国造物美学影响下，意境创作法是一种深刻的内涵式设计方法，它强调通过设计引发观者的丰富想象和联想，从而达到一种精神上的共鸣和情感上的感染。这种设计方法不仅是在视觉上追求美感，更是在精神和文化层面上寻求深度和共振，体现出中国传统美学中"意在言外"的审美追求。

一是实施原理。情感共鸣与精神感染：设计师通过作品的表现形式，诸如使用富有象征意义的图案、色彩、材质等，激发观者的情感共鸣，引导其进入一种理想化的精神状态，体验到作品所要传达的深层意义。二是隐喻的设计表现。隐喻在意境创作中扮演着关键角色，通过对自然元素如山、水、云的艺术再现，设计师能够构建出一种超越现实、充满诗意的空间和氛围，使人仿佛置身于一幅生动的山水画中，体验到自由自在的精神享受。三是理性与感性的结合。优秀的设计需要在理性的科学知识、经济利益与感性的生活欲求之间找到平衡。通过设计的"过滤"，使得理性元素富有情感魅力，而感性欲求则在理性的引导下走向更高层次的文化表达。

意境创作法的设计效果包括以下几点。一是形成意境之美。通过意境创作法，设计能够形成一种超越物质层面的美，让人们在使用产品或体验空间时，不仅感受到其外在的美学价值，更能触及内在的精神世界和文化深度。二是文化与审美的融合。在产品设计中融入科学知识、经济利益与生活欲求，通过设计师的艺术创作，这些元素在审美层面上得到高度统一和提升，展现了一种理性与感性相结合的文化美学。三是精神与文化的传达。意境创作法使设计作品不仅是实用的物品，更成为传递文化、表达情感、引发思考的媒介，促进了人们对生活、自然和文化的深刻理解和感悟。

通过意境创作法，在中国造物美学的指导下进行的设计活动，不仅丰富了现代设计的表现手法和理念，也为全球设计领域提供了独特的文化视角和深刻的审美价值，展现出中国文化的独特魅力和时代精神。

4. 归纳总结法

在中国造物美学影响下的内涵式设计法中，归纳总结法是一种深具洞察力和系统性的设计思维方式。它要求设计师对广泛的设计实践、文化认知以及美学概念进行深入分析与整理，从中抽象找出核心的设计原则和美学特质，以此作为创作的基础。通过这种方法，设计师能够在继承传统的同时，创作出具有时代感和创新性的服装设计作品。

归纳总结法的实践步骤包括以下几点。一是系统性分析。设计师首先对现有的设计手法、文化元素以及美学概念进行广泛而深入的分析，理解其背后的文化含义和审美价值。二是概括与归纳。在深入分析的基础上，设计师需要从众多的设计实践和文化认知中概括出共有的特征和精髓，将这些具有象征性和代表性的概念进行整合，形成一套独到的设计原则。三是融合与创新。设计师将归纳总结出的设计原则与现代设计理念相结合，探索出既能体现中国传统美学又符合当代审美需求的设计方法。通过各种设计手法的融合和创新，强化设计的特色和创新性，提升服装的整体美学品质。

归纳总结法的设计效果主要体现在：通过归纳总结法，服装设计能够更加深刻地体现中国造物美学的精神内涵，同时展现出独特的时代特色和创新性。这种设计方法不仅促进了传统文化的传承和发展，也为现代服装设计提供了新的视角和灵感来源。设计作品不仅在视觉上吸引人，更能在情感和精神层面与观者产生共鸣，让穿着者通过服装感受到中国文化的深厚底蕴和美学追求。

归纳总结法在中国造物美学影响下的服装设计中，是一种连接传统与现代、融合东方智慧与全球视野的重要设计策略。它强调从广泛的设计实践和文化认知中提炼精华，创作出既有深度又具创新性的服装设计，实现古典与现代、传统与创新的和谐统一。这种设计思维方式对推动中国服装设计的发展，以及提升中国文化软实力具有重要意义。

第三节　传统服饰元素在服装设计中的创新应用

一、对传统服饰元素"形"的借鉴

在当代服装设计领域中，对传统服饰"形"的借鉴和创新应用是一种重要的设计策略，它不仅体现出对中国丰富文化遗产的尊重和传承，同时也展现了设计师在融合传统与现代审美理念上的创新能力。这种设计方法通过对传统服饰中色彩、造型、图案以及工艺等元素的深入挖掘和创新性运用，使得现代服装设计能够在既继承传统的同时，又能突破传统，创作出既有中国传统文化特色又符合现代审美趋势的服装作品。

（一）对传统服饰色彩形态的借鉴创新

在现代服装设计中，对传统服饰色彩形态的借鉴与创新，是一种深刻体现民族文化特色与现代审美结合的设计方法。色彩不仅是服装设计中的视觉元素，更是传递文化内涵和情感表达的重要手段。通过对传统服饰色彩的深入研究和创新性应用，设计师能够创作出既有民族特色又符合现代审美趋势的服装作品。

传统服饰的色彩丰富、鲜明，蕴含深厚的文化象征意义。现代设计师在借鉴这些传统色彩时，不仅要考虑色彩本身的视觉效果和心理感受，还要探索色彩的文化内涵，使设计作品能够在现代社会中传递出独特的文化信息和情感价值。例如，将传统的红色、黄色、紫色等色彩，通过现代色彩搭配原理和流行色趋势的结合，设计出既具有传统韵味又富有现代感的服装。

民族风格服装是将民族传统文化的艺术元素与精髓相结合的一种服装风格。在这种风格的设计中，传统服饰色彩的运用尤为重要。设计师可以通过对传统色彩的创新运用，如加强色彩对比、选择鲜艳强烈的色调等方式，创作出极具异域情调和时代感的民族风格服装作品。这种色彩的应用不仅能够彰显服装的民族特色，也能够在视觉上产生强烈的冲击力，吸引现代人的注意。

美国华裔设计师安娜·苏（Anna Sui）是色彩搭配的佼佼者，她的设计作品常通过强烈的色彩对比和丰富的服饰搭配，展现出独特的民族风味和时尚风格。通过巧妙的色彩组合，如橙红色与紫红色、蓝色与红色相间的点缀等。安娜·苏的服装设计不仅在视觉上给人以新鲜感和震撼感，更在文化和艺术层面上展现了色彩的魔力。

通过对传统服饰色彩形态的借鉴与创新，现代服装设计能够更加丰富和多元化。这不仅是一种设计技巧的展现，更是对传统文化的尊重和传承。设计师通过深入挖掘传统色彩的文化内涵，并结合现代审美理念和技术手段，能够创作出既有历史深度又符合当代审美的服装作品，从而推动传统文化在现代社会中的传播和发展。

（二）对传统服饰造型形态的借鉴创新

在当代服装设计中，对传统服饰造型形态的借鉴与创新，不仅是一种文化的继承，更是对传统审美的现代解读和创新性表达。这种设计方法在尊重传统的基础上，融入现代设计理念，使得服装作品既具有传统文化的深厚底蕴，又符合现代审美和功能性需求。

传统服饰的整体轮廓，如宽松的衣身和直线型的剪裁，为现代服装设计提供了丰富的灵感源泉。现代设计师可以借鉴这种宽松适体的造型，创作出简洁、飘逸的服装线条，展现一种自然和谐与舒适自由的韵味。例如，将传统宽大的衣袍轮廓与现代时尚元素结合，设计出既具有东方古典美感又不失现代简约风格的服装，满足现代人对自由、健康、舒适生活方式的追求。

对传统服饰局部造型的创新，如领型、袖型、襟线和摆线的现代解读和应用，为现代服装设计带来了细节上的丰富性和多样性。设计师通过对这些传统造型特点的拆解、重组和现代化处理，能够创作出既保留传统美感又具有现代审美特征的服装款式。例如，将传统的琵琶袖或马蹄袖设计应用于现代服装中，通过调整袖型比例或结合新的材料和工艺，赋予传统元素以新的时尚生命。

现代服装设计对传统服饰造型形态的创新借鉴，不仅是形式上的模仿或复制，更是一种深层次的文化融合与创新。设计师需深入理解传统服饰的文化内涵和审美精神，结合当代社会的审美需求和技术条件，探索适合当代生活的新服装形态。这种设计策略既展现出设计师对传统文化的尊重和传承，又体现其创新思维和前瞻性，使得其服装作品能够跨越时空，成为连接古今、东西的文化桥梁。

（三）对传统服饰图案形态的借鉴创新

对传统服饰图案形态的借鉴与创新，是将传统文化精髓与现代设计理念相结合的重要体现。通过深入探索和创新性应用，设计师可以让这些具有深厚文化底蕴的图案在现代服装中焕发新生。

设计师在运用传统图案时，要精心考量并达到图案与服装整体设计之间的和谐。例如，通过对图案进行现代化的解构和重组，可以实现传统元素与现代审美的完美融合，这种处理方式不仅保留了图案的传统韵味，还赋予了服装现代感。在设计过程中，图案与穿着者之间的情感共鸣同样重要。选择那些寓意美好、能够引起情感共鸣的传统图案，通过现代化表达，既能展现穿着者的个性又能激发共鸣。例如，利用现代技术手段将"梅兰竹菊"等传统图案以新颖的形式呈现，不仅传达出中国传统美学的内涵，也满足了现代人对个性化和文化认同的追求。

在全球化背景下，将传统图案与多元化现代设计相结合显得尤为重要。设计师可以利用数字化技术，如数字印花，将传统图案以创新的方式呈现，或通过色彩和构图的现代化处理，使图案更加贴合现代审美和国际潮流。以英国著名设计师约翰·加利亚诺（John Galliano）的作品为例，他在设计中巧妙地将中西方元素结合，特别是将青花瓷纹样和工笔画花鸟纹样融入服装设计，展现了中西融合的美学。这种设计手法不仅创作了视觉上的新鲜感，也使得传统图案在现代时装中展现出独特的新意和魅力。

通过这些策略，设计师不仅能够在现代服装设计中体现传统文化的魅力，还能推动传统图案元素向多元化和国际化方向发展，使之成为连接过去与现在、东方与西方的桥梁。这种设计实践不仅是对传统文化的传承，更是现代设计创新的典范。

（四）对传统服饰工艺形态的借鉴创新

在当代服装设计中，对传统服饰工艺形态的借鉴和创新，不仅反映出设计师对传统文化的尊重和继承，也展现了传统工艺与现代时尚融合的无限可能。这种设计方法能够增添服装的艺术价值和文化内涵，同时为穿着者提供独特的审美体验。

将传统工艺如扎染、蜡染、刺绣等应用于服装设计的整体，能够为现代服装带来独特的视觉和触感体验。例如，澳大利亚设计师彼得·皮洛托（Peter Pilotto）在2010年伦敦时装周上展示的设计作品中，大量运用中国传统的扎染工艺，通过晕染和渐变效果与现代服装设计相结合，创作出既有现代感又不失传统韵味的服装。这种融合传统与现代、东方与西方的设计手法，不仅展示了传统工艺的美学价值，也为传统工艺在现代服装设计中找到了新的表现空间。

在服装的局部细节中巧妙应用传统工艺，可以使现代服装更具特色和文化深度。例如，利用中国传统的刺绣技术或镶珠工艺装饰服装的领口、肩部、袖口等部位，不仅能够突出服装的精致感，也能够赋予服装更多的文化意义和艺术价值。普拉达品牌在2011年春夏季的服装设计作品中，便大量采用了传统刺绣工艺，特别是在服装胸部应用平针绣法，展现了传统工艺与现代设计的完美结合。

对传统服饰工艺形态的借鉴创新，不仅限于传统工艺的直接应用，更体现在如何将这些工艺与现代设计理念、新材料、新技术相结合上，创作出既有传统美感又符合现代审美的服装作品。设计师通过创新思维，可以将传统工艺转化为新的设计语言，让传统工艺在当代服装设计中焕发新的生命力，同时也为传统工艺的传承与发展提供了新的路径。

总之，对传统服饰工艺形态的借鉴与创新，是现代服装设计中一种重要的设计策略。它不仅能够丰富现代服装的艺术表现，增添服装的文化价值，也是传统工艺创新发展和文化传承的重要途径。通过这种设计实践，设计师不仅能够展现自己对传统文化的理解和尊重，也能够探索传统与现代、东方与西方之间的美学融合，创作出具有时代意义和文化深度的服装作品。

二、对传统服饰元素中"意"的借鉴

（一）意境的概念

意境概念的探索与研究，跨越了中国文化的深厚历史，形成了一种独特的艺术表达方式。这种以"意"与"象"为基础的美学理念，不仅在古代文学、艺术作品中占据着重要位置，而且在现代设计领域，尤其是服装设计中，也展现出其独特的魅力和价值。

意境，作为中华文化中一种深邃的美学理念，代表着思想与美的和谐统一，是主观情感与客观景象相融合的产物。这一概念强调的是一种超越直接感官体验的审美境界，通过艺术创作传达出创作者的情感思想和对美的追求。意境的本质不在于物质形态，而在于观者的心灵体验和情感共鸣。

宗白华先生对意境美学进行了深入研究，建立了一个包含外部宏观结构和内部层次结构的完整理论体系。他的理论不仅基于中西方文化艺术的广泛知识，还尝试将中西文化融合，从而提出了更为全面和深刻的意境美学观点。他的意境理论强调情与景的融合，以及艺术创作中心灵的深度反应和生生不息的节奏感，认为心灵的涵养和宁静是意境产生的关键。

在现代服装设计领域，意境美学的应用，不仅是对传统文化的继承，更是对设计深层次文化和精神追求的体现。借鉴意境的方式，服装设计能够超越单纯的功能性和形式美，达到一种更为深远的文化和情感表达。现代服装设计通过吸收意境美学的精髓，可以创作出既有深度又具现代感的作品，这些作品不仅满足了人们对美的追求，还促进了民族文化的传承与发展。

意境美学在中国文化和艺术中占据着不可替代的地位，它的深远影响及其在现代服装设计中的应用，展现了中国传统美学对现代艺术创作的持续贡献。通过将意境美学融入服装设计，不仅可以丰富设计的内涵，提升作品的艺术价值，还可以促进中国传统文化在全球化背景下的传播与影响力。因此，现代设计师在创作过程中，应深入挖掘并应用意境美学，探索传统与现代、东方与西方的美学融合，为现代服装艺术设计开拓更广阔的视野和深度。

（二）传统服饰中的"意"

在中国传统服饰文化中，"意"体现了设计者想通过服装传达的思想、情感和文化内涵，这不仅是视觉上的美感，更是一种深层次的心灵共鸣和文化的传递。中国传统服饰的发展，深受儒家、道家等哲学思想的影响，形成了具有独特民族特色和深厚文化内涵的服饰文化。这些哲学思想强调人与自然的和谐共生，影响了中国人的世界观和人生价值观，从而在服饰设计中体现出追求和谐、自然状态的审美理念。

"天人合一"的哲学思想主张人与自然的和谐统一，这一思想体系对中国传统服饰的设计产生了深远的影响。例如，中国传统服装的平面结构特点，直线裁剪的宽衣大袍，展现了追求和谐与自然的设计理念。这种设计不仅追求视觉上的美感，更重视服装与人体的自然贴合，使穿着者感到自在舒适，体现了人与服饰、自然之间和谐统一的美学追求。受到"天人合一"思想的影响，中国传统服饰展现出含蓄、自由、稳重的特性，注重内在的品格美和道德美。服饰的设计追求气韵和意境的营造，讲究气韵生动、虚实相生的观感，具有抽象写意的特征。这种设计理念不仅体现了中国文化的深层美学，也反映了中国人追求内在精神世界与外在自然环境和谐统一的生活态度。

在现代服装设计中，借鉴和创新传统服饰中的"意"元素，是连接过去与现在、传承与创新的重要途径。设计师可以从传统服饰文化中汲取灵感，将传统的思想观念和审美理念融入现代设计中，创作出既有传统文化底蕴又符合现代审美需求的服装作品。通过这种方式，不仅能够使传统服饰文化得到新的生命力，也能够在全球化的背景下展现中国传统文化的独特魅力和现代价值。

综上所述，"意"在中国传统服饰中承载了丰富的文化精神和深厚的哲学思想，是连接人、自然和社会的重要纽带。在现代服装设计中融入这种"意"元素，不仅是对传统文化的传承，也是对现代设计理念的一种拓展和创新，展现出中国服饰文化的深远影响和现代发展潜力。

（三）传统服饰元素中"意"的借鉴方法

在现代服装设计中，从传统服饰中借鉴"意"是一种将深层文化内涵与艺术表现形式相结合的创新途径。通过深入挖掘传统服饰文化所蕴含的精神价值和美学理念，设计师能够创作出既具有文化深度又符合现代审美需求的作品。这种设计方法不仅体现了设计师对传统文化的尊重和继承，而且展现出设计师的创新能力和艺术见解。

传统服饰元素中，"意"的借鉴方法主要有：

（1）虚实相生的形式。采用虚实相生的创作形式，是将传统服饰中的"意"融入现代设计的一种有效方法。在服装设计中，虚实相生不仅体现在材质和造型上，更体现在设计师如何通过留白、透视、层叠等手法上，创作出既有形态美感又留有想象空间的作品。这种设计手法能够让观者在视觉上享受到服装的美感，同时在心灵上感受到设计师想要传达的情感和理念。

（2）动静相宜的形式。将动静相宜的设计理念应用于服装设计中，可以使作品展现出生动而又宁静的美感。在服装设计中，动静的转换不仅反映在服装的流动性和静态美上，还体现在设计师如何捕捉和表现服装在不同状态下的美上。通过考虑服装在静态展示和动态穿着中的视觉效果，设计师可以创作出既具有动感又不失优雅的设计作品，让穿着者在不同场合中展现不同的魅力。

（3）形神相通的形式。形神相通是指在服装设计中，将形式美与内在精神相结合，使服装不仅外观美观，还能传达出深层的文化意义和设计师的思想情感。这种设计方法要求设计师深入理解和把握传统服饰的文化精神，通过对材质、色彩、图案等元素的精心选择和创新组合，使得服装作品既能展现出传统美学的韵味，又能符合人们现代审美的趋势。

通过虚实相生、动静相宜、形神相通等借鉴方法，现代服装设计不仅能够继承和发扬传统服饰文化，还能探索出新的设计元素和表现手法。这种设计思路不仅为现代服装设计提供了丰富的灵感来源，也为传统文化的传承与创新开辟了新的路径。因此，设计师在创作过程中应深入挖掘传统文化的内涵，通过现代设计手法将传统服饰中的"意"巧妙地转化为现实，创作出既具有文化价值又符合现代审美的服装作品。

在当代服装设计领域，创作具有意境美的作品已成为设计师将传统文化精神与现代审美相结合的重要途径。设计师不仅要深刻理解传统文化的丰富内涵，还应将这些元素与当代社会文化进行创新性的融合，以表达中国传统文化的时代精神。这种设计策略要求设计师不是简单地模仿古代形式，而要深入挖掘古人的生活哲学和价值观，将其融入现代设计中，从而创作出既有深度又具现代感的服装作品。

著名服装设计师薄涛在2011年春夏发布会上所展示的水墨服装设计，是传统水墨丹青艺术与现代服装设计相结合的杰出例证。薄涛将水墨艺术中的写意山水、泼墨花鸟、灵动墨梅等元素巧妙地融合于服装设计之中，不仅展现了服装的动感与精巧，也深刻体现了设计师在寻求意境美过程中的创意和思考。这种设计手法既保留了中国传统艺术的精髓，又在形式上进行了创新性的探索，体现出其将现代与传统、虚与实相结合的美学追求。

被誉为"服装意境大师"的日本服装设计师三宅一生（Issey Miyake），其设计理念在于从自然界中寻找灵感，充分利用天然纤维织物，通过独特的制作工艺创作出凹凸有致的效果。三宅一生的设计不仅展现了物质的形态美，更深层次地探讨了服装与自然、人与环境的和谐共生关系。在他的设计作品中，常见的是逆向思维和禅宗思想的影响，追求无结构的模式，以表现东方禅意文化的玄妙与魅力。这种设计不仅在视觉上给人以美的享受，更在精神层面上引发人们对生命本质和自然和谐的深刻思考。

通过对薄涛与三宅一生等设计师作品的分析，我们可以看到，现代服装设计中对传统服饰"意"的借鉴不仅是形式上的模仿，更是对传统文化内涵的深刻理解与创新性表达。设计师通过自己对传统文化的积累与感悟，结合现代设计手法，将传统与现代、东方与西方的美学元素巧妙融合，创作出具有意境美的服装作品。这些作品不仅展现出传统文化的时代精神，也为现代人提供了一种向往自然、追求心灵宁静的生活方式的美学指引。

第四节　中国元素在高级时装设计中的创新应用

一、高级时装概述

高级时装（Haute Couture）是一种源自十九世纪中叶法国的服装设计和制作艺术，意为"高级的裁缝"或"高级定制服装"，代表了时尚界的最高标准，涵盖了顶级设计、材料、手工艺和个性化服务，旨在为客户提供完全定制的服装体验。高级时装的定义不仅局限于其昂贵的价格和独特的顾客群体，更在于其对细节的极致追求和对工艺的高度重视。

高级时装的特点有以下几点。一是定制服务。高级时装为顾客提供完全个性化的定制服务，从设计到完成的每一个环节都根据顾客的需求量身打造。二是顶级材料。高级时装使用的材料极具品质，包括珍稀面料、手工刺绣、高级装饰品等，强调材料的独特性和高质感。三是精湛工艺。高级时装的制作过程几乎完全依靠手工完成，每一件作品都是艺术家们无数个小时工作的结晶。四是限量生产。由于其独特性和制作过程的复杂性，高级时装通常仅限量生产或一件定制，保证了作品的独一无二。五是设计创新。高级时装设计师以其独特的艺术视角和创新思维，引领时尚潮流，每一季的作品都会成为行业内的风向标。

英国服装设计师查尔斯·弗雷德里克·沃斯（Charles Frederick Worth）被公认为高级时装之父，他在十九世纪中叶创立了首家高级女装店，标志着高级时装的诞生。自此，高级时装逐渐发展成为一个独立的行业领域，拥有自己的协会——法国高级时装协会（Chambre Syndicale de la Haute Couture），该协会制定了一系列严格的标准，对能够被认定为高级时装的设计师和品牌进行规范，以确保高级时装领域的专业性和独特性。

总之，高级时装代表了服装设计与制作艺术的最高成就，它不仅是对材料、工艺、设计创新的极致追求，更是一种文化和艺术的传承与创新。在当今的时尚界，高级时装依然保持着不可替代的价值和地位，为世界时尚文化贡献着无限的创意与灵感。随着全球化的发展，更多国际大牌开始探索时装与中国元素的融合，将中国传统文化的美学精髓引入高级时装创作中。这种跨文化的交流不仅为高级时装注入了新的生命力，也使得中国传统文化在全球舞台上展现出新的魅力。设计师们通过对中国元素的现代解读和创新性应用，展现出中西融合的独特美学，为高级时装领域带来了新的艺术风貌。

二、中外高级时装设计师对中国元素理解的异同

（一）款式造型运用上

在当前全球化的背景下，设计师们对服装款式造型的探索显得尤为重要，服装款式造型不仅反映了时尚潮流的动向，而且是文化交流与融合的表现。款式造型，由廓形和结构两大元素构成，直接影响着时尚趋势的演变。这种视觉符号的变化通常源自对服装廓形的创新，而服装风格的演进则紧随其后。不同文化背景下的设计师在理解时尚元素时展现出既有共性也有差异性，他们都擅长解构传统造型并对其进行重新组合与演绎，尽管如此，各自的文化历史底蕴仍旧深刻影响着他们对服装款式设计的思考。

中国设计师在变革传统廓形时，往往倾向保留原有的款式特征，难以突破传统形象的束缚。特别是在涉及中国元素的服装设计时，他们倾向选用旗袍和华服等传统款式，这些设计往往变化较小且难以与西方风格融合，导致作品过于古典，缺乏现代感和时尚感，这在国际舞台上很难得到认可。中国服装设计的这种守旧性，部分源自设计师对文化传承的重视，反映了中国传统的服饰观念与哲学理念，例如，旗袍的设计历史基本上是围绕长度的变化来展开，展现了一种对传统的尊重和继承。然而，这种保守的设计思维在某种程度上限制了创新。

相比之下，西方设计师受到的文化和社会背景的影响使他们在设计时更加自由。西方社会的开放性和对创意产业的重视促使他们在服装设计中追求立体剪裁与创新结构，创作出既精致又具创意的款式。

这种设计不仅突出了身材，还增加了服装的体积感和立体感，形成了鲜明的西方风格。国外设计师虽然对中国元素的理解可能不如中国本土设计师那样深入，但他们在运用中国传统元素时更加大胆和自由，常常将其与西方的立体造型相结合，创作出既有视觉冲击力又新颖时尚的服装款式。例如，普拉达品牌在2017年米兰时装周上的表现，就是一个将中国传统旗袍元素与西方设计风格结合的典范，其通过颜色碰撞和结构创新，展现出其大胆和创新的设计理念。

总结来说，中外设计师在对中国元素的运用上既有共通之处也有明显的差异。中国设计师更加注重传统元素的保留和文化的传承，而西方设计师则在创新和自由表达上更为突出。这种差异不仅反映了不同文化背景下的设计哲学和审美观念，也展现了全球化背景下时尚界的多元化和包容性。

（二）装饰图案运用上

在当代服装设计中，装饰图案的运用不仅丰富了时装的视觉效果，更在无声中传达了丰富的文化内涵和设计师的创意思维。作为服装设计的重要组成部分，装饰图案的重要性体现在其能够在不受服饰功能性限制的条件下，通过设计师的创意来展现出更为多样和丰富的美感。在处理面料和图案时，设计师们拥有较大的自由度，可以依据个人灵感和文化背景来创作出别具一格的图案设计作品。

在融合中国元素的时装设计中，中外设计师展现了不同的设计哲学和方法。中国设计师深受本土文化的影响，倾向在设计中引入传统纹样，如印花和刺绣，这些丰富多样的中国传统装饰图案深受国内外设计师的青睐。然而，中国设计师在将这些传统元素融入现代设计时，往往面临着如何保持元素完整性与现代时尚感之间的平衡挑战，导致某些设计可能过于依赖传统纹样，缺乏创新。例如，郭培的青花瓷元素礼服虽展现了传统美，但在图案的现代转化处理上显得直接而缺乏创新性；同样，张志峰的短礼服虽具中国特色，但在满足现代审美需求方面缺乏创新性。

相较之下，西方设计师在处理中国元素时展现了更大的创新性和自由度。由于他们对中国传统纹样的理解可能不如中国设计师深入，这种文化差异反而成为他们创新设计的优势，使他们能够更加自由地解构和重组传统元素，创作出既具有视觉冲击力又富有创新性的设计作品。例如，阿玛尼品牌在2015春夏高定系列中的"文竹"以清新的色彩和若隐若现的墨竹图案，展现了细腻的中国元素与现代时尚的完美结合，体现了低调而华贵的设计理念。古驰品牌在2017年春夏系列中则大胆融合了中国的虎头刺绣与龙首图案，与欧洲宫廷风格相结合，展现了独特的个性和深厚的文化底蕴，为古老传说赋予了新的生命力和现代审美。

综上所述，中外设计师在融合中国元素的装饰图案设计中各有侧重，反映了不同的文化理解和设计创新路径。中国设计师更侧重传统元素的保留和文化的传承，而西方设计师则表现出对创新和视觉美感的追求，通过跨文化的设计实践，促进了中国元素与世界时尚的交流与融合，展现出全球化背景下多元文化的包容性和创新力。

（三）色彩搭配运用上

在现代时装设计领域中，色彩运用不仅构成了服饰的视觉基础，而且深刻影响着作品的文化表达和情感传达。色彩的选择和搭配能够直接反映出设计师的审美趋向、文化理解及创新意识。在融合中国元素的设计中，色彩的运用尤为重要，因为它不仅是设计的视觉语言，更是文化传达的重要媒介。

中国传统色彩，如中国红和中国黄，不仅是东方文化的象征，而且历经千年，深植人心。这些色彩背后富含深厚的文化意义和历史故事，如黄色的神圣和至高地位，红色的热烈与喜庆，以及蓝色、白色和黑色分别象征的方位和特定文化内涵。这些传统色彩的应用，对展现中国文化的独特魅力和深远内涵至关重要。

中外设计师在运用这些中国元素色彩时展现出不同的理解和创新方式。设计师劳伦斯·许（Lawrence Xu）在设计中偏爱黄色，他通过传统手工技艺的运用，将黄色、蓝色、绿色和红色等传统色彩与西式礼服的剪裁造型相结合，展现出既传统又现代的中国风情。这种对传统色彩的直接运用与国际设计师相比，更加强调色彩的整体性和文化深度，显示了对中国色彩精髓的深刻理解和尊重。

国际知名品牌如路易·威登（Louis Vuitton）在2011春夏系列中以中国红为主色调，搭配黑色裤子和蓝色立领，展现出与中国设计师不同的设计思维和色彩运用策略。这种设计不仅打破了传统色彩搭配的局限性，而且通过创新的色彩应用，展现出跨文化设计的可能性和多元化的国际视角。通过这种跨文化的色彩运用，中外设计师不仅丰富了世界时装设计的多样性，而且促进了文化之间的交流和理解。本土设计师通过直接而深入的色彩运用，展现了中国传统色彩的魅力和文化深度，而国际设计师则通过创新和跨文化的视角，为中国元素色彩的国际传播提供了新的可能性。这种色彩上的探索和创新，不仅展示出设计师的个人风格和创作力，更是文化交流和融合的生动体现。

三、中国元素在高级时装设计中的创新应用形式

（一）造型应用

在当代高级时装设计中，中国元素的造型应用不仅彰显出文化的独特性，还体现了设计师对传统与现代融合的深入探索。服装的整体和局部造型，作为视觉服饰形态的基本要素，承载着丰富的文化象征和审美价值。中国传统服饰经过数千年的演变，已形成了一套具有显著中华特色的传统造型元素，这些元素在现代高级时装设计中的应用，展现了"中国元素"在国际时尚界的强劲影响力。

设计师们通过解构和重组中国传统服饰的造型特征，如旗袍的廓形、立领、交领以及袖型和摆部的设计，创作出既具有传统韵味又符合现代审美的服装。例如，西方设计师尼古拉·盖斯奇埃尔（Nicolas Ghesquière）和亚历山大·麦昆（Alexander McQueen）通过运用立体剪裁和硬质面料，塑造出具有夸张肩线与臀围的旗袍廓形。这种设计手法虽未添加其他中国装饰元素，但却成功传达出强烈的中国元素视觉冲击力。这种方法体现出设计师对传统中国元素的深刻理解与尊重，同时也展示了在全球化背景下中西文化交融的可能性。

进一步地，一些设计师在将中国元素融入高级时装设计时，不仅限于传统服饰的造型，还将中国的艺术元素如瓷片艺术、肚兜等巧妙地融入服装设计之中。中国服装品牌盖娅传说（Heaven Gaia）的2017春夏系列"盖娅传说"巧妙地将瓷片艺术融入服装设计，一款作品以瓷片为寄托，将旗袍造型解构重组成战甲形式，展现出当代女性刚柔

并济的性格特色。法国品牌圣罗兰（YSL）在2004秋冬秀场上展示的晚礼服系列作品，解构了中国服饰的拖襬肚兜，融合传统立领龙纹，通过蝴蝶结代替盘扣的设计手法，展现了中国元素的现代转译。

除了整体造型的创新，局部造型的精细处理也是"中国元素"在高级时装设计中应用的重要方面。立领、交领、直领等传统领型的现代变体，以及琵琶袖、窄袖、长袖等袖型的创新设计，都是设计师们如何将中国传统服饰元素与现代时装结构相融合的例证。这些设计既保留了中国传统文化的核心，又在形式上进行了创新和转化，使得作品既有文化深度，又符合现代审美需求。章子怡在2015年纽约大都会艺术博物馆慈善舞会上身穿的美国时装品牌卡罗琳娜（Carolina Herrera）定制礼服，采用了立领设计，摒弃了旗袍传统的斜襟造型，展现出中国元素与西式礼服的完美结合。阿玛尼旗下品牌Armani Prive在2015年的高级时装秀场上，将宽大飘逸的汉唐式襦裙设计融入现代时装中，展示出中国传统服饰元素的现代演绎。约翰·加利亚诺（John Galliano）在1997年为澳大利亚女演员妮可·基德曼（Nicole Kidman）参加奥斯卡红毯设计的礼服，灵感源自旗袍，通过开衩和黄绿色刺绣纹样的装饰，展现了传统中国元素的创新运用。英国时尚品牌保罗·史密斯（Paul Smith）2011秋冬时装的肩部设计借鉴了中式建筑飞檐的造型特点，体现了中式传统造型在现代设计中的应用。

这些设计作品不仅展示了中国元素在高级时装设计中的多样化运用，也体现了设计师们在尊重传统的同时，通过创新思维将这些元素融入现代时尚，创作出跨文化的时装艺术。这种跨文化的设计探索不仅丰富了世界时尚界的多样性，也促进了不同文化之间的交流与理解，展现出中国传统文化在全球化时代的生命力和影响力。

（二）图案应用

在高级时装设计领域，中国元素的图案应用展现了文化融合的精髓，同时也体现了设计师们对平衡传统与创新的探索。中国传统纹样，凭借深厚的文化内涵和独特的美学价值，在全球时尚界持续受到青睐。这些纹样不仅是视觉上的装饰，更富含了吉祥寓意和文化传承的深意。古驰品牌的创意总监弗里达·贾娜妮（Frida Giannini）女士与摄影师冯海合作的"东风西渐"手包，是中西文化结合的典范。冯海在古驰品牌标志性手包内侧描绘的仕女图，破坏了图案的完整性和主题性，展现出硬朗精致的手包与中国特色油画的和谐共鸣，成为一种文化融合的象征。

2012年，意大利服饰品牌麦丝玛拉（Max Mara）推出的"宋衣变新装"作品，通过对传统纹样的简化和变异处理，展示出一种简约而奢华的设计理念。这件作品以白色大衣为基底，肩部对称的银色装饰图案，既回响了中国宋朝女式广袖长衫的风格，又适应了现代审美，展现出宽松风格与东方女性身形的和谐共存。

迪奥品牌在2009年高级时装系列中，通过刺绣和印花工艺对青花纹样的巧妙运用，展示出青花瓷器的美学魅力。青花纹样的节选和布局的创新打破了传统装饰纹样的界限，将浓郁的中国文化色彩与欧式礼服的优雅完美融合。

劳伦斯·许的2015年春夏敦煌系列，将敦煌图案的结构重组与西化剪裁手法相结合，展现了轻盈飘逸的华服霓裳与西方简约时尚的融合。这种设计不仅保留了传统元素的古典东方美，也符合现代时尚的审美趋势。

郭培钟爱的青花元素，在其2010年高级时装系列中得到了完美呈现。在一款全身印有青花瓷盘纹样的礼服作品中，虽然传统纹样未经过多解构处理，但通过与礼服款式的巧妙融合，突破了传统纹样可能带来的生硬感，创作出了一件既奢华又充满古典美的高级时装作品。

这些例子充分展示了设计师们如何通过对中国传统图案的重新解读和创新设计，将其融入高级时装设计中，既保留了传统文化的韵味，又展现了现代时尚的风貌。这种跨文化的设计实践不仅丰富了世界时尚设计的多样性，也促进了不同文化之间的交流与理解，展现出中国传统文化在全球化时代的生命力和影响力。

（三）色彩应用

在高级时装设计领域，中国元素的色彩应用不仅是对传统审美的传承，也是对现代设计语言的创新探索。中国传统色彩，包括赤、黄、青、白、黑五色，不仅富含深厚的文化象征和意义，而且随着时间的推移和科技的进步，其应用方式更加多样和丰富，形成了一个包含民间、民族、皇室、宗教等多种色彩类别的复杂系统。

在"中国元素"高级时装设计中，设计师们通过对中国红与黄色等传统色彩的广泛采用，不仅展示了中国色彩的独特魅力，而且体现出设计者对中国色彩系统提炼分析和创新应用的能力。

路易·威登品牌在2016巴黎男装周展示的一款中国元素男装衬衣，以中国红为主色，结合仙鹤印花图案，展现了中西合璧的古典风韵。劳伦斯许的敦煌系列纯金珊瑚华服，则是金色与黑色的高贵搭配，展现了奢华与时尚的完美融合。

盖娅传说品牌的2017春夏系列作品，通过中国红与中式造型的结合，展现了东方的柔和与神秘。同时，以白色和蓝色为主基调的青花蓝，也成为设计师们喜爱的色彩组合。例如，意大利女装品牌詹巴迪斯塔－瓦利（Giambattista Valli）的2013秋冬高级定制系列，以瓷器为灵感，采用白底蓝花的设计，呈现出清新娇俏的风格，体现了对中国传统文化的深度探求和对自然纯朴的追求。

这些设计作品不仅展现了中国传统色彩在高级时装设计中的广泛应用，也反映了设计师们在继承和创新中找到了独特的表达方式。通过这种方式，设计师们不仅成功地将中国元素融入现代时尚，而且为全球时尚界带来了丰富的文化交流和视觉享受。这种跨文化的设计实践，不仅丰富了世界时尚设计的多样性，也促进了不同文化之间的理解和尊重，展现了中国传统文化在全球化时代的生命力和影响力。

（四）工艺应用

在高级时装设计领域，中国元素的工艺应用展现了对传统手工技艺的深刻理解与创新转化。阿玛尼品牌创始人乔治·阿玛尼（Giorgio Armani）曾经指出，高级定制服装是艺术品，这种艺术性不仅体现在设计的独特性上，更体现在精妙绝伦的工艺制作上。中国传统手工艺，如印染、织绣、手绘、盘扣、滚边、挖嵌等，凭借其历史悠久的技艺和斑斓绚丽的艺术魅力，为高级时装设计提供了丰富的灵感源泉。

劳伦斯·许是在将中国传统手工技艺与高级时装设计结合上表现尤为突出的设计师之一。他不仅在作品中广泛运用苏绣、顾绣、京绣、盘丝秀、浮雕秀等中国传统绣法，而且巧妙地将这些传统技艺与欧式华丽工艺相结合，展现出每个细节的极致美学。通过这种方式，劳伦斯·许不仅传承了中国传统手工艺的精髓，同时也为其注入了现代时尚的新生命，使作品既有深厚的文化底蕴，又不失为现代高级时装的典范。

然而，中国设计师在运用中国元素设计高级时装时，面临的挑战之一便是如何避免文化与工艺的固化。传统工艺虽然是中国高级时装的灵魂，但在全球化和现代化的大背景下，设计师们需要在尊重传统的基础上，勇于创新，打破传统束缚。通过夸张、对比叠加、元素融合等手法，对传统工艺进行创新性转化。同时结合现代科技，寻找传统工艺与当代时尚的完美结合点，从而在不同文化的交融中探索新的设计元素和工艺技法。

一件超过1000小时制作完成的刺绣定制手工礼服，不仅是一件衣物，更是一个传递文化、展现个性和品位的艺术品。正如英国文学家莎士比亚所言，衣裳能够显示人品，高级时装通过对细节的精雕细琢，展现出设计师对美的追求和对文化的尊重。在这一过程中，设计师们不仅要继承和弘扬中国传统手工艺的精粹，更要在全球化的视野中探索和创作，使中国元素在高级时装设计中绽放出更加璀璨夺目的光彩。

（五）面料应用

在高级时装设计中，面料的选择和应用是塑造服装独特风格和质感的关键因素之一。特别是在融合中国元素的设计中，传统面料的运用不仅体现了设计师对文化的尊重和传承，同时也展现出其对传统工艺的创新和演绎。中国传统面料，如丝绸、麻、棉等，因其独特的质地和典雅的美感，成为高级时装设计中不可或缺的元素之一。

丝绸，作为中国最经典的服饰面料之一，以其富贵典雅的质感和流畅的垂感，被广泛应用于高级时装设计中。设计师通过对丝绸等传统面料的深入研究，最大限度地发挥其面料的性能，创作出既具有传统美感又符合现代审美需求的作品。

美国时装品牌塔达希（Tadashi Shoji）在2017春夏系列中的设计，便是传统面料与现代设计相结合的典范。该系列作品将精致的中国元素刺绣面料与蕾丝相结合，不仅增加了时装的层次感，而且呈现出一种东西方文化交织的优雅风情，展现了女性美的多样性和细腻性。

对传统面料的创新和开发，要求设计师对面料的性质有着深入的了解。通过剪裁、撕裂、磨损、镂空、抽纱、加热定型等多种处理方法，不仅提升了面料的质量和结构特征，也使得传统面料能够更好地适应现代消费者对高品质生活的追求。新型织造工艺和染色方法的应用，以及设计师的二次加工和改造，都使得传统面料呈现出新的时尚面貌，满足了市场对时尚、舒适、多功能、环保型面料的需求。

在科技不断进步的今天，传统面料的创新性开发成为未来发展的重要趋势。织物的智能化，包括将传统动植物纤维面料与现代科技相结合，不仅为面料的创新设计提供了更多可能性，也为定制服装带来了新的亮点。这种对传统面料的创新和演绎，不仅展现了设计师的创意和技艺，也推动了传统文化与现代时尚的完美融合，给高级时装设计领域带来了新的灵感和活力。

（六）综合应用

在高级时装设计领域中，中国元素的综合应用是一种将传统文化与现代设计理念相结合的创新探索。通过精心的设计实践，设计师们能够将中国的传统美学融入现代服装设计中，创作出既具有文化底蕴又符合现代审美的作品。这种设计过程不仅要求对中国传统文化有深刻的理解和尊重，还需要掌握现代设计技巧和面料科技的应用。

对中国元素的综合应用，体现出设计师对中国传统文化深厚的理解与尊重，同时也展现了他们在现代设计语境中的创新能力。通过对传统造型、图案与色彩的现代解读和创新应用，不仅丰富了高级时装设计的表现形式，也为推动中国传统文化与世界文化的交流与融合做出了贡献。这种设计实践不仅是对传统文化的传承，也是对现代设计理念的一种探索和拓展，为全球时尚界带来了新的灵感和视角。

第六章

中国元素服装品牌的营销与跨文化传播

　　在当今全球化的背景下，中国服装品牌不仅需要在国内市场中保持竞争力，还要面对国际市场带来的挑战。本章旨在通过对市场调研、文化营销策略分析、本土设计师实践案例以及跨文化传播问题的探讨，深入剖析中国元素服装品牌在国际市场中的营销策略与传播效果。撰写本章的目的在于解析中国元素服装品牌面临的机遇和挑战，探讨其在跨文化传播中的策略与表现形式，从而为中国服装品牌的国际化发展提供理论支持和实践指导。本章的学术价值在于为服装品牌营销和跨文化传播领域的研究提供新的思路和视角，为中国服装品牌在国际舞台上塑造品牌形象、拓展市场提供理论指导和实践借鉴。

第一节　中国元素服装品牌市场调研与分析

中国元素服装品牌市场目前处于快速发展的阶段，体现了中国文化和设计在国际舞台上的影响力不断增强。随着国内民众消费升级和文化自信的提升，越来越多的中国元素服装品牌开始崭露头角。在进行市场调研和分析时，我们可以从以下几个方面入手。

一、对中国元素服装品牌市场的整体发展趋势进行分析

中国元素服装品牌市场近年来呈现出持续增长的趋势，这主要受到中国经济稳步增长和人民生活水平提高的推动。随着中国消费者对个性化和文化内涵丰富的服装品牌的需求不断增加，中国元素服装品牌在市场上的地位和影响力也逐渐提升。

首先，从经济角度来看，中国经济的持续增长为服装市场提供了强劲的支撑。这种经济增长带来了人民生活水平的提高，促使消费者更加注重品质和个性化的消费体验，从而推动了服装市场的发展。其次，随着民众文化自信的提升，中国传统文化在时尚领域的影响力也日益增强。越来越多的中国元素服装品牌将中国传统文化元素融入设计中，如汉服、莲花图案、中国风绣花等，吸引了一大批年轻消费者的青睐。这些品牌通过创新设计和文化符号的运用，赋予服装更深层次的内涵和独特的魅力，成为传统的国际品牌有力的竞争对手。

例如，中国知名汉服品牌"汉尚华莲"在过去几年中取得了长足的发展。该品牌以传统汉服为设计灵感，将古典与现代相结合，推出了一系列兼具时尚与传统美学的汉服产品。据统计，该品牌的销售额在过去三年中平均每年增长超过30%，成为国内外消费者追捧的时尚品牌之一。

总之，中国元素服装品牌市场具有巨大的潜力和发展空间。随着经济的持续增长和民众文化自信的提升，这一市场将继续吸引更多的

投资和创新，为中国服装产业的蓬勃发展注入新的活力。

二、对中国元素服装品牌的产品特点和定位进行深入了解

中国元素服装品牌的产品特点和定位主要体现在对中国传统文化的创新融合以及对时尚潮流的敏锐把握上。这些品牌通常以中国传统文化元素为设计灵感，通过融合现代时尚元素，打造出具有独特魅力的产品，从而吸引消费者的注意。

首先，这些品牌在设计上注重将中国传统文化与现代时尚相结合，通过对传统服饰、民族图案、传统工艺等元素的重新诠释和运用，打造出既具有中国传统韵味又充满时尚感的服装品牌。例如，一些品牌可能采用汉服的剪裁和绣花工艺，但在款式和配色上融入了现代时尚元素，使得产品更加符合当代消费者的审美需求。其次，这些品牌注重在产品定位上突出传统文化的情感认同和时尚潮流的需求。这些品牌服装的设计风格既可以满足消费者对中国传统文化的情感认同，又能够符合时尚潮流的追求。这种双重定位使得产品具有更广泛的受众群体，既可以吸引喜爱传统文化的消费者，也可以吸引追求时尚的年轻群体。例如，中国服装品牌"李宁"就是一个很好的例子。"李宁"品牌在传统文化元素和现代时尚元素的融合上做出了很多探索和尝试。该品牌通过将中国传统功夫文化、中国式设计元素融入产品中，成功吸引了一大批年轻消费者的青睐，成为中国元素服装市场的领军品牌之一。

总之，中国元素服装品牌的产品特点和定位主要体现在其对中国传统文化的创新融合以及对时尚潮流的敏锐把握上。这些品牌通过不断的创新和探索，为消费者带来了具有独特魅力的产品，推动了中国元素服装市场的发展和壮大。

三、对中国元素服装品牌的市场竞争格局进行分析

中国元素服装品牌市场的竞争格局在不断变化。随着市场的扩大，竞争也变得日益激烈。除了国内品牌之间的竞争，还面临着来自国际知名品牌的挑战，这将对中国元素服装品牌构成一定的压力。

首先，国内品牌之间的竞争愈发激烈。随着中国经济的快速发展和消费者对个性化服装的需求不断增加，越来越多的中国元素服装品牌涌现出来。这些品牌在产品设计、品质、价格等方面展开竞争，力求通过不断提升自身的竞争力来占据更多的市场份额。例如，以传统文化为设计灵感的汉服品牌在国内市场竞争中层出不穷，品牌之间的差异化竞争愈发激烈。其次，国际知名品牌在中国元素服装市场上占据一席之地。这些国际品牌通过对中国传统文化的研究和吸纳，推出符合中国消费者需求的产品线，与国内品牌展开竞争。由于其在品牌知名度、设计水平、营销渠道等方面的优势，这些国际品牌在中国元素服装市场上具有一定的竞争优势。例如，国际知名时尚品牌 ZARA 和 H&M 等品牌在中国市场上推出了不少融合中国元素的服装系列，并通过线上线下渠道积极开拓中国市场。这些品牌凭借强大的设计团队和全球化的营销策略，在中国元素服装市场上与国内品牌展开了激烈的竞争。

总之，面对激烈的市场竞争，中国元素服装品牌需要不断提升自身的设计水平、品牌形象和市场营销能力，以赢得消费者的青睐。通过创新设计、提高品质、拓展销售渠道等手段，中国元素服装品牌可以在激烈的竞争中脱颖而出，实现持续发展和壮大。

四、考虑消费者对中国元素服装品牌的态度和偏好

消费者对中国元素服装品牌的态度和偏好是影响市场需求与品牌发展的重要因素。通过调研消费者的购买行为、品牌认知度、产品满意度等指标，可以更好地了解消费者的需求和市场动态，为品牌的发展提供有力支持。

首先，消费者对中国元素服装品牌的态度通常受到其对中国传统文化的认同程度影响。部分消费者倾向选择融合中国传统文化元素的服装品牌，因为他们认为这些品牌能够展现自己对中国文化的尊重和认同，从而体现出独特的品位和身份认同感。其次，消费者对中国元素服装品牌的偏好与其对品质、设计风格、价格等因素的考量密切相关。虽然中国元素服装品牌强调了中国传统文化的元素，但消费者对产品的品质和设计仍然非常重视。因此，消费者通常会选择那些既具有中国元素又具有良好品质和时尚设计的服装品牌。例如，中国传统

元素与现代时尚融合的品牌东北虎（NE TIGER）在中国市场上深受消费者喜爱。该品牌将中国传统服饰元素与国际化的设计理念相结合，推出了一系列优质的服装产品。根据最新的市场调研数据显示，东北虎品牌的品牌认知度和消费者满意度均位于行业领先地位，其产品销量稳步增长。

综上所述，消费者对中国元素服装品牌的态度和偏好受到多方面因素的影响，包括对中国传统文化的认同、对产品品质和设计的需求等。通过深入了解消费者的需求和市场动态，品牌方可以更好地调整自身定位和策略，满足消费者的需求，实现品牌的持续发展和壮大。

第二节　中国元素在文化营销策略中的应用

一、产品策略

（一）产品开发

在当代营销策略中，中国元素的运用已成为产品开发的一大亮点，尤其是在丝绸服装领域，因此本节将以丝绸为例进行论述。产品开发不仅关乎实体商品的创新，更涉及体验、服务、信息等多维度的创作，旨在满足市场的需要。在这一背景下，丝绸作为中国传统文化的象征，在产品开发中的应用尤为重要，能够体现品牌价值和企业理念。

丝绸服装的产品开发，可从造型款式、图案、色彩和材料四个方面综合考虑。首先，在造型款式方面，中国与西方在审美哲学、宇宙空间意识上的差异，促使中国传统服饰展现出独特的宽衣文化。这种文化强调的是人与空间的和谐统一，与西方的窄衣文化形成鲜明对比。现代丝绸服装设计可借鉴传统服饰如旗袍、长袍等，通过现代演绎，赋予丝绸服装以别样的美。

图案设计是服装设计的核心之一，中国的传统图案如"太极八卦""梅兰竹菊"等，不仅美观，还蕴含深厚的文化内涵和吉祥寓意。

这些传统图案在现代丝绸服装设计中的应用，不仅是对美的追求，更是文化传承与创新的体现。

在色彩设计方面，中国的色彩文化受到"阴阳五行"理论的影响，形成了独特的"五色"体系。这种色彩体系不仅反映了中国的传统文化内涵，也为丝绸面料的配色设计提供了理论依据。现代设计师在丝绸服装设计中运用传统色彩，既展现了民族风格，又不失时代感。

在材料的选择上，丝绸以其细腻光滑的质地和良好的悬垂性，完美契合了中国传统的审美追求。通过对丝绸面料的二次处理，如刺绣、扎染等，丝绸服装呈现出独特的时尚气息。同时，这种材料的选择和设计反映了服装对消费者的人文关怀，通过服装传递深刻的文化价值。

总而言之，中国元素在丝绸服装产品开发中的应用，不仅是对传统文化的一种传承和尊重，也是现代设计创新的重要方向。通过对传统元素的创新利用，丝绸服装不仅能够增添形式美和文化内涵，更能在全球范围内提升中国文化的影响力，展现出其独特的魅力和价值。

（二）产品包装设计

在现代营销学中，产品包装已经超越了其最初的保护商品和便于运输的基本功能，演变为一种强有力的市场营销工具。优秀的产品包装设计不仅能够吸引消费者的注意，还能在消费者心中留下深刻印象，甚至成为品牌识别的关键部分。

对拥有深厚文化底蕴的丝绸服装来说，包装设计更是承载着传达品牌文化和艺术价值的重要使命。在设计丝绸服装包装时，以下几个关键原则需被严格遵守。

（1）包装和服装产品风格的协调一致性。丝绸服装反映的不仅是穿着者的品位，更是一种文化的传达。因此，包装设计应与丝绸服装的品牌文化、材质特征和产品档次相匹配，以确保品牌形象的统一和连贯性。这种一致性有助于增强消费者对品牌的认同感和信任感。

（2）配套包装设计的系列性。鉴于丝绸服装品类的多样性，从实用性和美观性的角度出发，包装设计需根据不同服装类别的特点，设计出具有一致风格但又各具特色的包装。这不仅能够满足不同产品的保护和展示需求，还能强化品牌系列产品的整体形象。

在迎合消费者偏好方面，设计师需要充分考虑市场调研结果，即消费者对丝绸服装包装设计倾向中国特色与简约风尚的结合。这表明，将传统文化元素以现代设计理念重新诠释，是满足市场需求的有效途径。

具体到设计实践中，中国传统元素的运用可以体现在以下几个方面。

（1）包装材料。选择能够体现丝绸质感和高档次感的材料，如使用具有中国传统美学特征的纸张或布料，既能保护产品，又能传递出丝绸服装的独特价值。

（2）图案色彩。利用具有中国文化象征意义的图案，如龙、凤、牡丹等，结合传统色彩如宝蓝、中国红、墨绿等，以现代的设计手法呈现，既保留了文化底蕴，又不失时尚感。

（3）文字设计。在包装上巧妙地运用汉字或诗词，不仅能够增添包装的文化气息，还能以此表达品牌的设计理念和文化诉求，增加消费者的情感共鸣。

综上所述，丝绸服装的包装设计不仅是对产品本身的保护和美化，更是品牌文化传播的重要载体。巧妙融合中国传统元素与现代设计理念，不仅能够满足消费者对美观与文化的双重需求，还能进一步提升品牌的市场竞争力和文化价值。

二、品牌策略

（一）塑造品牌标识形象

在当代市场经济中，品牌形象的塑造对企业来说非常重要，它不仅是企业文化的体现，也是企业与消费者沟通的桥梁。一个强有力的品牌形象可以增强消费者的品牌认知，提升品牌的市场竞争力。在这个过程中，品牌标识形象扮演了核心角色，尤其对具有丰富文化内涵的产品，如丝绸服装，更是如此。

根据市场调研结果，消费者对丝绸服装品牌的期待显然倾向融入中国特色，这不仅体现在产品设计上，也同样适用于品牌名称、品牌标志以及店面形象的设计中。这种偏好背后反映了消费者对文化价值的重视以及对品牌个性的认同需求。

（1）品牌名称：品牌名称是品牌识别系统中最直接、最易于传播的元素之一。选择一个具有中国特色的品牌名称，不仅能够立即吸引目标消费者的注意，还能传达品牌的文化底蕴和市场定位。

（2）品牌标志：作为视觉识别的核心，品牌标志是品牌形象传递的关键。一个融入中国元素的品牌标志，可以是传统图案的现代化演绎，如使用龙、凤、牡丹等元素，或是采用中国书法艺术创作品牌名字的艺术字体。这样的品牌标志不仅美观大方，更重要的是能够传递出品牌的文化价值和独特性。

（3）店面形象：作为品牌空间展示的直接体现，店面形象的设计应该和品牌名称、标志保持一致性，共同构建一个完整的品牌形象。利用中国传统建筑元素，如飞檐翘角、木质雕花、中国红等，可以营造出具有中国特色的店面环境，为消费者提供独特的购物体验，从而加深他们对品牌的记忆。

综上所述，将中国元素融入品牌标识形象的设计，不仅能够满足消费者的文化偏好，更能在激烈的市场竞争中凸显品牌的独特性和文化自信。这种设计策略不仅适用于国内市场，在全球化的背景下，也能助力品牌走向国际，展现出中国文化的魅力。

（二）创建品牌文化

在构建品牌文化的过程中，将文化元素融入品牌策略是一种深具洞察力的做法，尤其对拥有悠久历史和丰富文化遗产的中国丝绸产业而言。品牌文化不仅是品牌的灵魂和个性的体现，还是连接消费者和产品的桥梁，通过这座桥梁，品牌能够在消费者心中留下独特且持久的印象。对丝绸产业而言，利用中国的传统文化元素不仅可以强化品牌的文化特性，还能够提升品牌在全球市场中的竞争力和识别度。

中国的物质文化和精神文化是构建丝绸品牌文化的重要资源。物质文化体现在丝绸产品的质地、工艺和设计上，这些元素直接影响产品的外观和感觉，是品牌文化可视化的表达。精神文化则通过品牌传达一种价值观和生活哲学，这种价值观和哲学深植于中国的传统文化之中，如"天人合一"的和谐观、"中庸之道"的平衡思想以及家族和社会伦理的重视。

在创建具有中国特色的丝绸品牌文化时，以下几个方面值得重视。

（1）提炼中国传统文化的精髓。品牌应深入挖掘中国丰富的文化遗产，如诗词、书法、绘画、哲学和历史故事，并将这些元素巧妙地融入品牌故事和产品设计中。例如，通过使用具有中国传统象征意义的图案设计，或是在产品中加入与中国传统节日相关的元素，可以有效地传达品牌的文化内涵。

（2）强调和谐与自然的关系。鉴于中国文化中"天人合一"的核心思想，丝绸品牌可以在产品开发和营销策略中强调人与自然的和谐共生。这不仅体现在使用环保和可持续的材料和生产过程中，也可以在品牌传播中突出自然美和谐生活的主题。

（3）倡导中庸之道和多元共生。在品牌建设中，倡导平衡、兼容并蓄的价值观，可以吸引追求内在平衡和个性化表达的消费者。品牌可以通过多样化的产品线和包容不同文化元素的设计，展现出其对多元文化的尊重和融合。

（4）传承与创新并重。在保留传统精髓的同时，丝绸品牌还需不断创新，以适应现代消费者的需求和审美。将传统工艺与现代技术相结合，不仅能够保证产品的独特性和高质量，也能使品牌文化更加生动和富有时代感。

（5）构建独特的品牌故事。通过讲述品牌与中国文化的深厚联系，以及其在现代生活中的应用和演绎，可以增强消费者对品牌的情感连接。品牌故事应贯穿品牌的每一个触点，包括产品设计、营销活动、顾客服务等。

总之，创建具有中国特色的丝绸品牌文化是一个系统性工程，它要求品牌不仅要深入理解并尊重中国的传统文化，还要在此基础上进行创新和发展，以构建具有全球吸引力的品牌形象。这样的品牌文化不仅能够提升品牌的内在价值，还能够在全球市场中展现出中国文化的独特魅力。

三、定价策略

（一）定价方法

在文化营销策略中，尤其是对具有深厚文化底蕴的中国丝绸服装来说，采用感知价值定价法进行产品定价能够更好地体现产品的文化价值和品牌定位。感知价值定价法不仅关注产品的成本和市场竞争状况，更重视消费者对产品价值的主观感知和评价。这种定价策略特别适用于那些具有独特文化特征和高附加价值的产品，如中高档丝绸服装品牌，因为它们不仅是物理属性的集合，更是文化、审美和品位的体现。

中国丝绸服装凭借其卓越的质地、精湛的工艺以及丰富的文化内涵，在全球范围内享有盛誉。在定价时考虑感知价值，意味着品牌需深入了解目标消费者群体的需求、期望和感知，包括他们对丝绸服装的文化和艺术价值的认识。通过这种方法定价，品牌不仅能够为其产品设定一个与消费者感知相匹配的价格，还能够通过强化品牌故事和文化内涵，增加产品的吸引力和独特性，从而提升消费者的购买意愿。

实施感知价值定价法时，品牌需要通过多种渠道和方式来增强消费者对产品价值的感知。一是品牌故事和文化传播。通过有效的品牌传播策略，如内容营销、社交媒体互动、文化展览等方式，讲述丝绸服装背后的故事，增强消费者对品牌和产品的情感连接。二是高质量的产品体验。确保产品在质量和设计上的卓越表现，以实际体验满足甚至超越消费者的期待，从而提升其对产品价值的感知。三是独特的销售和服务体验。通过提供优质的客户服务、个性化的购物体验等，进一步强化消费者对品牌价值的感知和认同。四是利用影响者和口碑营销。借助行业内外的意见领袖和满意消费者的推荐，传播丝绸服装的独特价值和用户体验，以增强潜在消费者对产品价值的感知。通过这些策略，中高档丝绸服装品牌能够更好地实施感知价值定价法，不仅能够提升品牌价值和市场竞争力，还能够促进消费者和市场对中国丝绸服装文化价值的认识与尊重。在全球化的市场环境中，这种以文化为核心的定价策略对传承和推广中国传统文化具有重要意义。

（二）消费者心理与定价

在当今的市场环境中，消费者的购买决策过程越来越多地受到心理因素的影响，尤其是在对具有浓厚文化底蕴的产品的购买过程中。中国丝绸服装作为一种承载着丰富中国传统文化和艺术价值的产品，其定价策略应当充分考虑消费者心理及其对产品价值的感知。这不仅涉及消费者对产品物理属性的评估，也包括对产品背后文化、历史和艺术价值的认同与欣赏。因此，丝绸服装的定价不能仅仅基于成本加成的传统模式，而应更加注重消费者的心理价位和对产品整体价值的感知。

消费者心理与定价需要综合考量以下几个方面。一是消费者的文化价值感知。丝绸不仅仅是一种服装材料，还象征着中国的传统文化和审美。在定价时，应当考虑到消费者对这种文化价值的认可和愿意为之支付的溢价。通过营销传播，强调丝绸服装的文化内涵和艺术价值，可以提升消费者对产品的感知价值。二是期待价值。消费者对产品的预期使用价值、舒适性和保健性能有着明确的期待。丝绸服装因其优良的天然属性和舒适度，满足了现代消费者对高品质生活的追求。在定价时，应体现出丝绸服装在满足这些期待方面的能力。三是附加价值。丝绸服装的环保特性、在历史上的尊贵象征，以及通过现代设计手法融入的创新元素，都构成了其附加价值。定价策略应反映这些附加价值，向消费者传达一种理念，即购买丝绸服装不仅是穿着的选择，更是一种生活态度和价值观的体现。四是消费者心理价位。消费者的购买决策受到其心理价位的影响。通过市场调研，了解目标消费者群体的价格敏感度，以及他们对丝绸服装愿意接受的价格范围，可以帮助企业制定更为合理的定价策略。

结合上述因素，丝绸服装的定价应该是一个综合考量消费者感知价值、文化价值诉求和市场竞争状况的过程。通过巧妙地利用文化营销策略，丝绸服装品牌不仅能够拥有产品定价的话语权，还能够在市场竞争中稳固自己的地位，促进品牌的长期发展。此外，通过强化消费者对中国传统文化的认识和欣赏，可以进一步提升丝绸服装的文化价值和市场价值，实现品牌和消费者之间的深层次连接。

四、传播策略

（一）开发有效传播

开发有效的传播策略对任何企业来说都是非常重要的，尤其是在丝绸服装这样具有深厚文化背景和高端市场定位的行业中。有效的传播不仅能够帮助企业建立和维护其品牌形象，还能促进产品销售，增强消费者忠诚度。根据美国经济学教授菲利普·科特勒（Philip Kotler）的理论，企业应通过确定目标受众、明确传播目标、设计传播内容以及选择合适的传播渠道等步骤来开发其传播策略。

1. 确定目标受众

对丝绸服装企业而言，准确识别目标受众是制定有效传播策略的前提。目标受众不仅包括潜在的购买者，还应包括对品牌有影响力的决策者和意见领袖。在现代市场中，消费者的购买行为越来越多地受到社交媒体影响者、行业专家等意见领袖的影响。因此，丝绸服装企业应重视这些群体，通过精准营销来吸引他们的兴趣和注意力。

2. 确定传播目标

传播目标应明确且具体，对丝绸服装企业而言，提高品牌知名度、改善品牌态度、增强品牌忠诚度以及提升购买意向都是重要的传播目标。通过有效的传播活动，企业不仅能够提升消费者对品牌的认知，还能够塑造积极的品牌形象，促使消费者产生购买行为。

3. 选择传播渠道

选择合适的传播渠道对传播效果非常重要。对丝绸服装企业来说，传统的店面装潢和陈列虽然依然重要，但在数字化时代，社交媒体、网络广告、内容营销等新兴传播渠道的作用不容忽视。特别是口碑和网络传播，可以有效地扩大品牌影响力，吸引更多消费者的关注。同时，通过举办文化体验活动、参与公共关系事件等，也能够有效地增强品牌形象，提升消费者的品牌体验。

总之，丝绸服装企业在开发有效的传播策略时，需要综合运用科特勒的理论框架，有针对性地确定目标受众、明确传播目标、设计吸引人的传播内容，并选择合适的传播渠道。通过这样的策略，丝绸服装企业不仅能够有效地传达其品牌价值，还能在竞争激烈的市场中占据有利地位，实现长期的品牌增长。

（二）营销传播组合

在当今的营销环境中，有效利用文化元素进行品牌传播是提升品牌影响力和市场份额的关键策略之一。对中国丝绸服装企业来说，融合中国元素的营销传播组合不仅可以凸显产品的文化价值，也是连接消费者与品牌的重要桥梁。基于此，企业需精心设计其营销传播组合，旨在通过多渠道、多策略的方式，增强品牌认知度，提升消费者购买意愿，并最终促进销售增长。

1. 提高市场影响力

（1）加大广告投入力度。通过电视、网络、公益广告等形式，强调丝绸的文化和历史渊源，以及其独特的性能和舒适度。广告内容应紧密结合中国传统文化元素，通过故事化的方式讲述丝绸的故事，从而提高消费者对丝绸服装的认知和兴趣。

（2）加大公共关系投入力度。通过参与或组织丝绸主题活动、丝绸文化展览、设计大赛等，加强与消费者的互动和沟通。这些活动不仅能够增加丝绸服装的社会可见度，还能深化消费者对丝绸文化的理解和认同，从而提升品牌形象。

（3）利用数字营销。随着互联网和社交媒体的普及，数字营销成为连接品牌与消费者的有效途径。通过在在线平台上发布丝绸文化相关的内容、互动活动和特别促销，可以有效吸引年轻消费群体，扩大品牌影响力。

2. 加强产品的营业推广

（1）人员促销。在店面通过训练有素的销售人员进行面对面的介绍和推广，能够有效建立消费者对品牌的信任。针对送礼等特殊购买需求，提供个性化的咨询和定制服务，以满足不同消费者的需求。

（2）店面销售促进。通过组织丝绸生产过程演示、时装表演、发放品牌画册等活动，提升消费者的购物体验和品牌忠诚度。同时，合理利用价格折扣、赠品、会员制度等销售促进手段，激发消费者的购买热情，但需注意维护品牌形象，避免贬低品牌价值。

综上所述，丝绸服装企业在设计营销传播组合时，应充分考虑产品的文化价值和市场需求，通过综合运用广告、公共关系、人员促销和店面销售促进等手段，有效传达品牌信息，建立与消费者的深层次连接。这样的策略不仅能提升品牌在国内市场的影响力，还能激发消费者的购买欲望，促进品牌长期发展。

第三节　本土服装设计师对中国元素的应用与反思

一、本土服装设计师过于注重意蕴

本土服装设计师对中国元素的应用展现出其深刻的文化理解和创新能力，尤其是在融合传统与现代、东方与西方的设计理念方面。通过对材料、形式和意蕴的深层探索，他们成功地将中国元素转化为具有国际视野的时尚设计，同时保留了中国传统文化的精髓。然而，过于注重意蕴的表达，有时可能会导致设计作品缺乏必要的现代感和通用性，限制了其在更广泛市场的接受度。

设计师计文波的观点指出了本土设计师在运用中国元素时面临的机遇和挑战。他强调，真正的中国元素不仅是传统图案的简单再现，也应该是在现代设计语境中对这些元素进行的提炼和创新。这种方法不仅能够保持设计的文化根基，还能确保作品符合当代审美标准和国际趋势。

东北虎品牌（NE·TIGER）的"唐·镜"系列就是对这一理念的成功实践。该系列通过对传统材料和图案的巧妙运用，结合现代设计手法，展现了中西方融合的美学风格。露肩华服和改良旗袍的设计，不仅体现了中国传统文化的意蕴，同时也满足了现代消费者对时尚和个性化的需求。这些设计作品既展现了丝绸等传统材料的独特美感，也通过现代剪裁和设计理念，呈现了一种新的文化表达方式，有效地促进了传统与现代、东方与西方之间的美学对话。

因此，本土设计师在将中国元素融入服装设计时，应该更加注重平衡传统意蕴与现代审美的关系，避免过度强调传统符号而忽略了作品的创新性和通用性。通过不断的探索和实践，寻找到既能表达中国文化精神，又能满足国际市场审美需求的设计路径，是本土服装设计师面临的重要任务。这不仅有助于提升中国服装设计师在全球时尚界的地位，也将为传统文化的现代表达提供更广阔的舞台。

二、本土服装设计师应具有民族使命感严重

在近年来的服装设计界，中国元素的广泛应用成为一种鲜明的趋势，本土设计师们致力于将中国文化的精粹融入服装设计中，展现出中国传统美学的魅力。这种做法不仅反映了设计师们对民族文化的自豪和使命感，也是对全球文化交流的一种积极贡献。然而，在这一过程中，也出现了一些值得反思的问题，尤其是某些设计师在强调民族元素时过于直接和生硬的表达，这反映了他们对如何恰当融合传统与现代、民族与世界的理解上存在一定的局限性。

例如，服装设计师薄涛的华服设计尝试将故宫藏画的元素直接应用于服装设计中，虽然这种尝试在色彩和图案的选择上保持了一定的统一性，但由于缺乏深入的创新和转化，这种直接照搬的方式可能会让设计失去灵动性和时代感，使得作品在展现传统魅力的同时，显得相对生硬和陈旧。同样，服装设计师谭燕玉的中式古典旗袍虽然在用色和图案设计上体现了中国古代艺术的典雅与深邃，但在将传统元素与现代设计理念的结合上仍显得略显保守，未能充分发挥传统与现代融合的创新潜力。

这些问题的存在提示我们，本土服装设计师在利用中国元素时，确实需要更加深入地探究和理解"世界的就是民族的，民族的就是世界的"这一理念。真正高质量的设计应该是在深刻理解传统文化的基础上，通过创新和转化，将中国元素与现代设计理念相结合，创作出既具有民族特色又符合现代审美的服装作品。这不仅要求设计师具有深厚的文化底蕴和敏锐的时代感知，还需要在创作过程中不断实验和探索，找到传统与现代、民族与世界之间的最佳平衡点。

因此，本土设计师在未来的创作中，应更加注重对传统文化的现代解读和创新表达，避免简单地复制和叠加，他们应通过更加深入的文化挖掘和艺术创新，展现出中国文化在全球文化交流中的独特魅力

和价值。这不仅能够推动中国服装设计的发展，也能为全球文化多样性的交流与融合做出更加积极的贡献。

三、本土服装设计师需要寻找东西方服饰文化的共通点

在全球化的背景下，本土服装设计师对中国元素的应用成为展现民族文化特色与全球文化融合的重要途径。通过将中国元素融入服装设计中，设计师们不仅展示了中国丰富的文化遗产，也为全球服装设计领域贡献了独特的创意和视角。然而，这一过程中也存在着对中国元素使用的反思，特别是在寻找东西方服饰文化共通点方面的探索和挑战。

服装设计师郭培的"一千零一夜"系列中的"青花瓷"礼服就是一个鲜明的例子。这款礼服尝试通过将青花瓷这一中国传统工艺美术形象转化为服装元素，来展现中国文化的美学精神。然而，这种直接的元素转化虽然在表面上展现了中国文化符号，却可能在某种程度上失去了中式审美的含蓄和深邃，反而显得形式化，缺乏文化深度的传递和情感的共鸣。

对比之下，英国服装设计师约翰·加利亚诺设计的欧式礼服虽然采用了更为简约的设计语言，但通过细节上的巧妙处理，如裙摆内衬的淡青色调和有节奏的花朵图案，展现出了与中国写意画相似的艺术韵味。这种设计既保留了西方服装的形式美感，又微妙地融入了东方的审美情趣，实现了文化的跨界对话。

本土设计师在应用中国元素时，应更加深入地挖掘中西服饰文化的共通性，如古希腊罗马的宽衣形态与中国古代"宽衣博带"的服饰理念，都反映了人与自然和谐共存的哲学思想。通过对这些共通性的探索，设计师不仅能在设计中更好地融合中西文化元素，也能促进中西方文化的相互理解和尊重。

因此，本土设计师在将中国元素融入服装设计中时，应注重从深层文化内涵出发，创作出既有中国特色又能与世界文化共鸣的作品。这不仅需要设计师具备深厚的文化底蕴和敏锐的时代洞察力，还需要在创作过程中勇于创新，寻找和探索中西方文化之间的共通点与差异性，从而创作出既符合现代审美又具有深厚文化底蕴的服装作品，真正实现"世界的就是民族的，民族的就是世界的"理念。

四、本土服装设计师需要寻找传统和现代审美的共通点

在全球化的大背景下，本土服装设计师对中国元素的运用展现了对民族文化的深切反思和探索，尤其在寻找传统与现代审美共通点的过程中。这不仅是对中国传统文化的一种传承，也是对现代审美趣味的一种回应和对话。在这一过程中，设计师们努力在保持中国文化特色的同时，也要寻求与全球审美趣味的接轨，旨在创作出既有深厚文化底蕴又能吸引现代消费者的服装作品。

设计师们在寻找传统与现代审美共通点的实践中，展现出多样化的创作思路。例如，通过简化传统元素的形式，采用现代设计语言重新解读，如将复杂的龙凤纹样抽象化为简洁的线条和图形，或者将传统的织锦图案以现代印花技术表现，在保留传统文化精神的同时，满足现代审美的需求。

三宅一生品牌的"一块布"理念，将简约的设计哲学与中国的传统服饰文化如汉服的宽松造型结合，打造出既有东方神韵又符合现代简约审美的服装。三宅一生的设计哲学超越了东西方的界限，找到了传统与现代之间的平衡点，充分展示了文化融合的可能性。

东北虎品牌（NE·TIGER）的"华·宋"系列则是另一个典型例子，该系列通过现代设计手法解构和重组传统元素，如使用宋代绘画的色彩和图案，结合现代服装剪裁技术，打造出既有古典韵味又不失现代风格的服装。这种设计不仅展现出中国传统文化的美，也符合当代人的穿着需求和审美偏好。

在这一过程中，本土设计师也面临着挑战和反思，特别是如何在保持中国元素文化内涵的同时，要确保设计的现代性和国际性。过度强调元素的民族特色而忽视了现代审美可能会导致作品的局限性，而简单模仿西方设计风格则可能失去民族文化的根基。因此，设计师们需要在尊重传统的基础上，勇于创新，找到传统与现代、东方与西方之间的共通和融合之道。

总之，本土服装设计师在对中国元素的应用与反思中，寻找传统与现代审美的共通点是一条既充满挑战又极具潜力的道路。通过不断的探索和实践，中国服装设计师不仅能够为全球服装设计领域贡献独特的中国视角，也能推动中国传统文化在现代社会中的传承和发展，

促进文化的多元交流与融合。

第四节　中国元素服装品牌跨文化传播的影响因素与现实问题

一、中国元素服装品牌跨文化传播的影响因素

（一）语言符号

在全球化的背景下，中国元素服装品牌的跨文化传播面临着多重挑战，其中语言符号的应用是影响其成功的关键因素之一。语言不仅是一种沟通工具，更是文化的载体，深刻影响着品牌形象的构建和传播效果。服装品牌在进行跨文化传播时，必须克服语言差异所带来的障碍，确保品牌信息在不同文化背景下得到正确理解和接受。

（1）文化差异导致的误解。"龙"在中国文化中是吉祥和权力的象征，而在西方文化中则被视为邪恶和灾难的象征。这种文化差异导致的误解，对服装品牌来说是一个重要的考虑因素。品牌在命名和推广时，需要深入了解目标市场的文化背景和价值观念，避免产生文化误读。

（2）语言符号的本地化难题。红豆品牌的例子展示了即便是具有深厚文化内涵的命名，在跨文化传播中也可能因语言和文化的差异而失去其原有的意义与情感色彩。因此，服装品牌在进行国际化营销时，面临着如何将品牌的文化特色和情感寓意通过语言符号有效传递给不同文化背景消费者的挑战。

（3）成功的跨文化传播策略：深入研究目标市场文化。服装品牌在进行跨文化传播时，应深入研究目标市场的文化习俗、语言习惯和消费者心理，以此为基础进行品牌命名和推广语言的设计，确保品牌信息在不同文化背景下均能被正确解读和接受。

（4）采用多语言和多文化战略。在全球化的市场环境下，服装品牌可以采用多语言标识和宣传材料，同时结合图像和符号等非语言元素来强化品牌信息的传递，增强品牌信息在不同文化背景中的普遍接受度和吸引力。

总之，服装品牌在进行跨文化传播时，语言符号的选择和应用是一个复杂而关键的过程，它不仅关系到品牌信息的有效传递，也会影响到品牌形象的构建和国际市场的拓展。通过深入理解目标市场的文化特征、创作性地融合和呈现文化元素，以及采用多样化的传播策略，服装品牌可以有效地跨越文化障碍。

（二）风俗习惯

在跨文化传播的过程中，中国元素服装品牌所遇到的一大挑战是如何减少风俗习惯带来的影响，尤其是色彩象征性的区域差异。

色彩不仅是服装设计中的重要元素，更是一种文化的象征，不同文化背景下的人们对色彩的理解和感受截然不同。例如，在中国文化中，黄色历来被视为权势和贵族的象征，是皇族专用的颜色，体现了尊贵和圣洁，而青色在古代中国被视为较为平凡的色彩，常见于普通百姓的穿着。这种色彩的象征意义是在长期的历史发展和文化传承中形成的。然而，在不同的文化背景中，同一种颜色可能会有完全不同的象征意义。例如，白色在许多西方国家象征着纯洁和神圣，而在中国文化中，白色则通常与哀悼和丧事相关联。此外，墨绿色在法国可能不受欢迎，而在奥地利则被认为是高贵的象征。同样，鲜明的黄色和橙色在非洲文化中极受欢迎，而咖啡色则在欧美文化中有着持久的吸引力。这些区域性的色彩偏好反映了不同文化背景下的审美差异。对于红色，尽管在丹麦和捷克等国家被视为积极向上的象征，是激情的代名词，但在美国，红色却可能引发负面联想，因为"赤字"（red ink）意味着亏损，从而使红色与财务损失联系在一起。这种差异意味着，在跨文化传播时，中国元素服装品牌需要对目标市场的文化习俗做深入的了解和尊重。

因此，中国元素服装品牌在全球市场的成功传播，不仅需要创作性地将中国传统文化与现代设计理念相结合，更要考虑到目标市场文化中色彩象征性的区域差异。这要求设计师和品牌经营者深入了解各个文化对色彩的独特解读，并在设计和推广策略中巧妙地应对这些差异，从而确保中国元素服装在不同文化背景下都能够被广泛接受和欣赏。通过这种方式，可以在尊重和借鉴各种文化传统的基础上，推动中国元素在全球时尚界的创新表达和广泛传播。

（三）大众文化价值观念

服装设计不仅是一种艺术表达，更是社会文化和现实生活的反映。在不同的文化和社会背景下，人们对服装的审美、偏好以及价值观存在着显著的差异，这些差异在服装设计的跨文化传播过程中尤为明显。

大众文化为社会文化的一个重要组成部分，虽源自西方社会，但已广泛融入全球多个地区和国家的日常生活中。它通常与物质生活密切相关，特点是通俗易懂、易于传播。大众文化价值观念，即广泛被社会大众接受的对事物的评价标准和立场，对服装设计具有重要的导向作用。它不仅能激发人的情感，还提供了一套评价标准，影响着人们对服装设计的接受和认同。

服装设计师在创作过程中，需要深刻理解目标人群的文化背景和社会环境，确保设计作品不仅符合大众的审美偏好，而且能够反映大众的精神状态和现实生活需求。例如，中国古代服装审美受到儒家思想的深刻影响，强调服装在礼仪方面的作用，体现了稳重、平静的设计风格。这种对和谐与文化内涵的重视，正是中国传统文化与大众文化价值观念相结合的体现。

然而，大众文化价值观念在促进服装设计创新的同时，也可能带来一定的挑战。如果设计师对大众文化价值观念的理解过于片面，可能就会导致设计作品走向庸俗化或抽象化的极端。庸俗化的设计可能迎合低级趣味，失去时尚感和艺术价值，而过于抽象的设计则可能脱离大众生活，难以被广泛接受。因此，服装设计师需要在保持艺术创新的同时，确保设计作品能够与大众文化价值观念相契合，以实现跨文化传播的成功。

（四）思维方式

在服装设计领域，中西方思维方式的差异深刻影响着设计理念、创作手法及审美倾向的形成与发展。这种思维方式不仅根植于各自丰富的历史和文化土壤中，而且在全球化的今天，它们在服装品牌的跨文化传播中扮演着关键角色。

首先，中国的曲线思维方式和西方的直线思维方式在设计理念上形成鲜明对比。中国设计师在创作时往往更倾向采用间接、含蓄的表达方式，强调整体和谐与自然美的追求。例如，在使用颜色和图案时，中国设计师倾向选择寓意深远的元素，如梅花，以及蓝白色彩搭配来体现传统文化的精髓。西方设计师则更注重直接、明确的表达，追求个性化和明确的视觉冲击力，这种方式在服装设计中表现为对比鲜明的色彩搭配和直接展现人体线条的款式设计。其次，中国人的整体具象思维与西方的分析逻辑抽象思维，在服装设计的款式构思上产生了不同的风格。中医和西医的比喻说明了这一点：中医讲究整体调和，西医则侧重症状的治疗。同样，在服装设计上，中国设计师更注重服装与人的整体和谐，而西方设计师则更多关注服装细节和对人体比例的科学分析。最后，中国人的模糊性思维与西方的精确性思维在服装设计的细节处理上有所体现。中国的服装设计往往更注重整体效果和感观美，如通过抽褶、拼接等手法创作出流动性和层次感，而西方设计则更倾向精确计算，通过对比组合和科学剪裁技术，追求服装的完美贴合和功能性。

这些思维方式的差异，不仅影响着中西方服装设计师的创作理念和方法，还决定了服装品牌在跨文化传播过程中如何被不同文化背景的消费者接受和认同。因此，理解并尊重这些差异，能够帮助设计师在全球化的市场中更好地推广中国元素，同时也可以促进文化的交流和融合，使得服装设计成为连接不同文化的桥梁。通过综合考量中西方思维方式的特点，设计师可以创作出既具有中国文化特色又能被国际市场接受的服装作品，进一步推动中国元素在全球范围内的传播和影响力。

（五）宗教因素

宗教信仰对个人的生活方式、价值观念以及审美倾向产生着深远的影响。这种影响在服装设计领域中尤为显著，因为服装不仅是遮体保暖的物质形态，也是文化、信仰和个性的直观展现。在"中国元素"

服装品牌跨文化传播的过程中，宗教因素成为不可忽视的影响因素，尤其是在将这些品牌推向具有不同宗教背景的国际市场时。

不同宗教对色彩、图案、面料以及服装款式都有其独特的要求和偏好。例如，基督教文化中的白色象征纯洁和神圣，常用于婚礼礼服，而在中国文化中，白色则常与丧服颜色相关联，具有悼念的意味。此外，伊斯兰教对女性服饰有着严格的规定，强调保守和遮盖。这些宗教规范和象征意义的差异将对服装设计和国际市场的推广策略产生直接的影响。

在设计"中国元素"服装时，设计师不仅要深入理解和尊重中国传统文化与审美，也要考虑到目标市场的宗教背景和相关约束。这要求设计师进行跨文化的研究和理解，以确保设计作品既能体现出中国元素的魅力，又能获得国际市场的认可和接受。例如，通过对图案和色彩的巧妙调整，可以使得传统的中国图案如莲花、卷草纹等符合特定宗教群体的审美偏好和文化要求。

此外，宗教因素还影响着服装的传播和营销策略。在宗教多元的国际市场上，通过对宗教文化的尊重，服装品牌可以更好地与不同文化背景的消费者建立联系，避免文化冲突和误解，从而促进品牌的全球化发展。例如，通过选择符合当地宗教习俗和文化偏好的展示方式与营销语言，可以增加品牌的吸引力和市场接受度。

综上所述，宗教因素在"中国元素"服装品牌跨文化传播中扮演着重要角色。通过对不同宗教背景下的审美偏好和文化要求的深入了解，设计师可以创作出既体现中国文化精髓又具有国际市场竞争力的设计作品，从而在尊重多元文化的基础上推动品牌的全球化发展。

二、中国元素服装品牌传播的现实问题

（一）文化差异所带来的理解鸿沟

在全球化的大背景下，中国元素服装品牌的国际传播面临着文化差异所带来的理解鸿沟。这种文化差异主要体现在语言沟通、文化价值观及思维模式的不同上，这些差异在服装品牌跨文化传播过程中尤为明显。

语言为文化的直接载体，其沟通障碍是造成文化差异的首要因素。有效的沟通往往依赖共享的生活经验、背景以及相似的价值观念，这有助于人们对语言符号的共同认知。然而，在跨文化传播中，由于缺乏共同的文化背景和生活经验，服装品牌的文化表达往往难以被国际受众准确理解，有时甚至会引起误解或反感。

从历史积淀来看，中西方在精神心理结构和文化价值观上存在显著差异。中国文化强调中庸之道、集体利益优先及家庭和亲情的重要性，而西方文化则倾向强调个人自由、个性表达和逻辑思维。这种根深蒂固的文化价值观差异直接影响到服装的设计、推广及消费者的接受度。

举例来说，耐克的广告语"Just Do It"（想做就做）在西方文化中极具吸引力，体现了个性表达和挑战自我的价值观，但初入中国市场时却引发了部分家长的担忧，认为这可能对青少年产生不良影响。这一例子凸显了在服装品牌国际化过程中，需充分考虑目标市场的文化背景和价值观念。此外，汉字作为一种表意文字，其直观性和表意性强，是"中国元素"的重要表现形式。然而，在国际传播中，汉字的复杂性和独特性也可能成为品牌传播的障碍。因此，在设计带有中国元素的服装品牌时，需要深入理解语言的多样性和差异性，确保设计作品既能准确传达中国文化的精髓，又能被国际市场所理解和接受。

综上所述，中国元素服装品牌在跨文化传播过程中，必须深入了解和尊重目标市场的文化价值观与思维方式，通过巧妙的设计和有效的沟通策略，缩小文化差异带来的理解鸿沟，实现品牌的国际化。这不仅要求服装设计师具备跨文化的视野和敏感度，也需要服装品牌在国际市场营销策略上进行创新和调整，以期在全球市场上获得更广泛的认可和成功。

（二）服装从业人员的设计水平不足，缺乏文化内涵

虽然我国不少的大牌服装公司都有自己的首席设计师，但是，我国服装设计师的原创作品设计还不足。

我国服装企业对品牌的认识还停留在感知阶段，把经济效益放在首位，忽略了文化投资，这样，虽然在短期内"克隆名牌"会给企业带来可观经济效益，但是这种经济效益只是暂时的，不具备长久的发

展规划。因此企业要想保持持续稳定的经济增长，就必须在服装文化内涵上下功夫，把我国历史悠久的文化精华融入服装中，让服装传达文化，让文化带动经济，达到双赢的局面。

一个行业的兴衰成败关键的因素是人，服装设计师作为行业发展的主体和核心，具有举足轻重的作用，与国外服装设计师受到的尊重和地位相比，国内的服装设计师整体美誉度不高，造成这一现象的原因在于以下几个客观因素。第一，在中国人的消费理念中，特别是在服装消费观念中，一直存在着"跟风"的现象，总是跟着别人的消费而消费。这样一种消费观念对服装设计师很不利，不仅会造成设计的作品消费者不买账的局面，也使得设计师只好顺应消费者的喜好去设计，不仅使设计缺乏新意，设计师的潜能也无法被发掘。第二，虽然现在中国经济发展很迅速，但是民众总体购买力还是不高。对服装品牌来说，服装设计师设计的产品往往成本是偏高的，人们的购买力达不到。经济的不富裕，也阻碍着服装设计师的发挥。第三，受历史影响，现在还有很多的中国人有"崇洋"情结。认为国外的品牌就是好的，进口的服装比国产的价值高的观念，这使得很多国内设计师无可奈何。这一现象促使一些企业在给产品命名时，故意模仿音译词语的形式，通过自造洋名来借以吸引消费者。第四，中国的传统教育与设计师的思维方式是相悖的。设计需要一个发散的思维空间，没有绝对的对错界限，并且在进行服装设计时所需要的除了专业知识，更多的是感性化的东西。思维如果受到传统教育理念的禁锢，则不利于服装设计师的发展。

（三）传播手段呈现显著同质化特征，传播效果监测机制缺失

在中国元素服装品牌的国际传播过程中，面临的比较明显的现实问题是传播手段同质化严重和传播效果监测机制的缺失。这两个问题不仅影响了品牌传播的效率，也限制了品牌在国际市场上的影响力和竞争力。

同质化的传播手段使得许多中国元素服装品牌在广告和推广活动上缺乏创新性与个性化表达。例如，广告策略选择雷同和广告内容缺乏创意导致高投入但低回报的现象普遍存在。尤其是在重大国际活动期间，如世界杯，多个品牌集中投放广告，导致消费者出现视觉疲劳

和品牌混淆，从而降低了广告发布的有效性。此外，代言人选择得不恰当也会导致品牌形象与代言人形象不匹配，无法准确传递品牌内涵，反而可能使品牌信息变成明星个人秀，削弱了品牌的独特性和文化内涵的表达。

传播效果监测机制的缺失则是另一个重要问题。目前，许多服装品牌在评估传播效果时过于依赖简单的数据，如媒体发行量和影响人数，而忽视了更为重要的品牌认知度、市场地位和目标客户的品牌忠诚度等综合因素。这种单一的评估标准既无法全面反映品牌传播的实际效果，也难以为品牌传播策略的优化提供有效的数据支持。

为了解决这些问题，中国元素服装品牌需要采取以下措施。

（1）创新传播手段。品牌应探索更多创新的传播渠道和方法，如社交媒体营销、数字内容创作、跨界合作等，以提高品牌传播的创新性和个性化表达。

（2）精准定位代言人。选择与品牌文化内涵相符合的代言人，确保代言人的形象、价值观与品牌相符，以加强品牌信息的有效传递和消费者的认同感。

（3）建立全面的传播效果监测机制。开发和实施系统化、程序化的传播效果监测机制，综合考虑品牌认知度、市场地位、消费者满意度等多维度指标，以更准确地评估传播效果，为品牌传播策略的调整和优化提供数据支持。

通过上述措施，中国元素服装品牌可以有效改善传播手段的同质化局面，提升品牌传播的效果，从而在国际市场上建立更加独特和有影响力的品牌形象。

（四）国际竞争激烈，中国元素服装品牌尚未成为国际品牌

在全球化浪潮下，中国元素服装品牌面临着国际市场竞争的日益激烈。尽管中国的经济开放带来了巨大的市场潜力，但国产服装品牌，尤其是那些蕴含中国文化元素的品牌，在国际品牌形象建设上还远未形成强大的竞争力。在全球服装品牌市场中，欧美品牌以其深厚的品牌影响力和价值长期占据领先地位，而中国品牌则多处于价格竞争的低端市场，缺乏足够的品牌影响力。

市场调查显示，宁波本土服装厂商的产品如果采用贴牌方式在外

国销售，其服装价格就能够达千元以上，而以自主品牌形式销售则难以突破五百元，这一现象反映出国内服装品牌在市场影响力上的不足。尽管一些名人的推广为国产服装品牌带来了积极影响，但这种势头并不足以改变国产品牌在国际市场上的整体劣势。

此外，相较准确把握市场定位并形成独特风格的日韩服装品牌，国产服装品牌在年轻消费群体中的吸引力相对较弱。日韩品牌不仅引领着全球年轻人的时尚潮流，而且在设计和品牌传播上都有自己的独到之处，与国内品牌相比，这显然是一个巨大的差距。

面对这一挑战，中国元素服装品牌要想在激烈的国际市场竞争中生存和发展，就必须依托自身的文化优势和创新能力，寻找准确的市场定位。这不仅意味着要深挖和展现中国文化的独特魅力，还需要在设计、品牌建设、市场营销等方面进行创新和差异化发展。通过提升产品质量、强化设计原创性、建立独特的品牌形象和文化内涵，以及采用多元化的市场策略，中国元素服装品牌才能真正突破国际市场，形成具有全球影响力的国际品牌。

此外，加强国际合作、积极参与国际时尚舞台、利用数字化营销等手段也是提升国际竞争力的重要途径。通过这些综合措施，中国元素服装品牌有望在未来的国际竞争中占据一席之地，展现出中国文化的独特魅力和时尚创新能力。

（五）品牌信息缺乏系统化设计，并未有效与受众沟通

中国元素服装品牌在国际化传播过程中面临的一个重要问题是，品牌信息缺乏系统化设计以及与受众的有效沟通不足。这不仅影响了品牌形象的准确传递，也限制了品牌在激烈的市场竞争中的表现。

品牌信息的系统化设计对塑造一致而强大的品牌形象非常重要。这包括品牌的视觉标识、品牌定位、品牌形象及品牌内涵等多个方面。然而，一些中国元素服装品牌在传播过程中往往过于强调某一方面，如仅注重产品的视觉展示而忽视了品牌文化的深度传递，导致品牌信息传递给消费者时缺乏连贯性和一致性。例如，李宁品牌在重新定位过程中的口号变更，未能充分体现和传达"改变"的品牌精神，导致品牌信息传递不清晰，影响消费者对品牌的认知和接受度。

此外，品牌与受众的有效沟通是建立品牌形象和提升市场占有率

的关键。有效沟通不仅包括媒体宣传和促销活动，更重要的是沟通要基于对目标受众心理特征和消费需求的深入了解。然而，许多中国元素服装品牌在与受众沟通时往往缺乏针对性和策略性，没有充分利用市场调研来指导品牌沟通策略，导致沟通效果不佳，无法有效吸引和留住目标消费者。

面对这些问题，中国元素服装品牌需要采取一系列措施来加强品牌信息的系统化设计和增高与受众的有效沟通。

（1）建立全面的品牌信息系统，确保品牌的每一个传播触点都能准确、一致地传递品牌信息，包括品牌故事、价值观、产品特性等，形成强大的品牌影响力。

（2）加强市场和消费者研究，深入了解目标消费者的需求和偏好，基于这些信息制定更具针对性和创意性的品牌沟通策略，确保品牌信息与消费者的实际需求相匹配。

（3）利用多元化的沟通渠道，包括传统媒体、社交媒体、线上线下活动等，以更加丰富和互动的方式与消费者建立联系，增强品牌的可见度和影响力。

（4）建立有效的传播效果监测和反馈机制，定期评估品牌沟通活动的效果，及时调整和优化品牌传播策略，以实现品牌信息传递的最大化效果。

（5）通过系统化的品牌信息设计和有效的受众沟通，中国元素服装品牌能够更好地在国际市场中展示其独特魅力，提升品牌影响力，实现长远发展。

第五节　实现中国元素服装品牌跨文化传播的策略与途径

一、确立跨文化传播视角，关注文化多元性特征

在全球化的背景下，实现中国元素服装品牌的跨文化传播是一个

既充满挑战又充满机遇的过程。为了有效地将中国元素服装品牌推向国际市场，我们需要采取一系列策略和途径，其中最为关键的是树立跨文化传播观并注重文化的多元性特征。

首先，树立开放的跨文化传播观念是实现中国元素服装品牌国际化的前提。这要求我们克服原有文化的中心主义倾向，积极寻找和强调不同文化之间的内在联系与共性。例如，无论是东方还是西方，和平、善良、自由和爱情都是人类共同的追求。通过强调这些共同价值，可以促进不同文化背景下人们对中国元素服装品牌的接受和认同。

其次，尊重文化多样性和差异性是跨文化传播中的另一个重要原则。每种文化都有其独特的价值和意义，而成功的跨文化传播应当基于对这些差异的认识和尊重。在传播中国元素服装品牌时，应通过开阔的胸襟接受和融入不同文化的特征与观念，促进文化的共存和共融。

最后，要有效进行跨文化传播，就需要深入了解和掌握多元文化的特征。这不仅包括对自身文化的深刻理解，也包括对目标市场文化的科学认知。通过深入研究不同民族和地域的消费观念、价值取向，可以使中国元素服装品牌更加精准地针对目标受众进行文化适应和传播。

在具体的服装设计中，设计师应注重将多元文化元素融入设计中，通过文化元素之间的巧妙结合和对比，创作出具有深刻印象和文化共鸣的服装作品。例如，将具有中国特色的民族元素与欧美的现代时尚设计相结合，既保持了中国元素的独特性，又增加了设计的国际化视野和时尚感，从而让中国元素服装品牌在国际市场上更具吸引力和竞争力。

总之，通过树立跨文化传播观、尊重和融入文化多元性以及深入了解目标市场的文化特征，中国元素服装品牌可以有效地跨越文化障碍，实现国际化传播，将中国的文化魅力展现给全世界。

二、在服装设计中坚持正确的文化理念和创新意识

在全球化的大背景下，中国元素服装品牌的跨文化传播需要坚持正确的文化理念与创新意识，这是确保品牌成功融入国际市场的关键。服装设计不仅是一种时尚的表达，更是文化交流和传播的重要载体。因此，服装设计师在创作过程中应深入挖掘和理解中华文化的精髓，

同时注重创新和时代感，以设计出既具有中国特色又能被国际消费者接受的服装作品。

首先，服装设计师应具备深厚的人文素养和对文化内涵的深刻理解。这不仅包括对中国传统文化的熟悉和掌握，也包括对世界多元文化的理解。在设计过程中，设计师应努力探索中西文化的共通之处，寻找不同文化间的内在联系，从而设计出能够跨越文化界限、受到不同文化背景消费者喜爱的服装。例如，将中国传统元素如织锦、刺绣、中国红等与现代设计理念结合，创作出既有传统韵味又不失现代感的服装作品。

其次，服装设计师应积极响应社会发展趋势和消费者需求的变化，坚持创新和突破。在后现代文化影响下，人们越来越追求个性化和差异化，这要求设计师在尊重传统的同时，敢于打破常规，寻求设计的新方法和新思路。设计师可以通过对传统元素的重新解读和创新应用，设计出既反映中国文化特色又充满创意的服装，如采用环保材料，融入现代科技元素，以及探索多元文化的融合等方式，以满足现代消费者对绿色环保、科技时尚的审美需求。

最后，有效的跨文化传播策略是中国元素服装品牌成功的关键。设计师和品牌方应利用多种传播渠道，如社交媒体、国际时装周、跨界合作等方式，将中国元素服装品牌的独特魅力传递给全球消费者。同时，应注重收集反馈，深入了解不同文化背景下消费者的需求和偏好，不断调整和优化设计策略，以实现品牌的国际化发展。

总之，通过坚持正确的文化理念与创新意识，在服装设计上深入挖掘和传承中国文化，同时勇于创新和接纳多元文化，中国元素服装品牌能够更好地实现跨文化传播，赢得国际市场消费者的认可与喜爱。

三、整合多样化传播媒介，构建稳定有利的传播环境

在实现中国元素服装品牌跨文化传播的过程中，积极整合多样化的传播媒介并创作一个有利且稳定的传播环境成为关键策略。这一策略的实施旨在通过全面动员传统与现代媒体资源，以及优化传播环境，确保中国元素服装品牌能够有效地传播至全球各地，同时确保信息的准确性和文化的适宜性。

首先，整合多元化传播媒介要求对传统媒介进行革新，同时充分

利用新兴媒体的优势。这意味着不仅要更新传统媒介的技术，使其能够更有效地传播跨文化内容，还要利用新媒体如互联网、社交媒体等的广泛覆盖和互动特性，为中国元素的服装品牌提供更广阔的国际舞台。例如，通过网络视频、社交媒体平台和博客，可以实现快速、广泛的国际传播，同时还能收集来自不同文化背景消费者的反馈，为设计和市场策略的调整提供依据。

其次，为跨文化传播创作有利环境，这不仅要求提高国家整体经济实力和文化产业的发展水平，还需要维护和平的国内外环境，以及建立完善的制度环境。这包括优化法律法规，鼓励文化交流和保护知识产权，同时也要注重非正式制度，如风俗习惯和道德规范的建设，以保证跨文化传播的顺利进行。

最后，科技环境的创新对跨文化传播同样至关重要。利用先进科技不仅可以提升传播效率和效果，还能通过科技本身的创新增强中国元素服装的现代性和国际竞争力。例如，通过虚拟现实、增强现实技术等，可以为国际消费者提供沉浸式的购物体验，从而更好地展示出中国元素服装的独特魅力。

综上所述，通过整合多元化的传播媒介，并创作有利的传播环境，中国元素服装品牌可以更有效地在全球范围内传播，展示其独特的文化魅力和时尚价值。这不仅需要服装设计师和品牌方的努力，也需要政府、媒体和整个社会的支持与合作，共同推动中国元素服装品牌走向世界。

四、以全球化视角传播品牌的核心价值和统一形象

在全球化的背景下，中国元素服装品牌要想成功实现跨文化传播，就必须采取策略精准地传播品牌的核心价值，以及塑造和维护统一的品牌形象。这不仅是品牌成功的关键，也是构建其国际竞争力的基础。

首先，传播品牌核心价值是建立品牌国际形象的基础。这要求中国元素服装品牌明确自己的核心价值，无论是强调文化传承、创新设计，还是环保意识，这些核心价值都应深植于品牌的每一件产品和每一次营销活动中。如同可口可乐和雪碧以乐观奔放的品牌精神吸引着全球消费者一样，中国元素服装品牌也应通过其独特的文化价值吸引国际市场，如通过强调中国传统文化的现代诠释，将传统与现代、东

方与西方的美学巧妙融合，展现出其独特的品牌魅力。

其次，维护统一的品牌形象是跨文化传播中不可忽视的重要环节。这意味着品牌在全球范围内的每一个接触点，无论是实体店铺的布局、产品的包装设计，还是线上的广告宣传，都应保持一致性。就如肯德基和麦当劳无论在哪个国家的门店都能给人以相同的品牌体验一样，中国元素服装品牌也应通过统一的视觉识别系统（VIS）、统一的品牌语言和一致的服务体验，构建和维护其国际化的品牌形象。

为实现这一目标，中国元素服装品牌需要充分利用多样化的国际传播渠道，包括数字媒体、社交平台、时装周等，同时结合本土化策略，确保品牌信息在不同文化背景下的准确传达和有效接受。此外，品牌方还应通过持续的市场调研，深入了解目标市场的文化特征和消费者需求，以更加精准和有效的方式传达其核心价值与统一形象。

总之，通过从全球化视角出发，精准传播品牌核心价值并建立统一的品牌形象，中国元素服装品牌不仅能够在国际市场上树立起独特的品牌地位，同时也能促进中国传统文化的国际传播，为全球消费者提供独特的文化体验和审美享受。

五、以本土化视角建立品牌与消费者的关系

在全球化浪潮中，中国元素服装品牌要想成功地在国际舞台上占据一席之地，就必须采取跨文化的传播策略，其中本土化策略显得尤为重要。通过这种方式，品牌能够更加深入地了解和尊重不同文化背景下消费者的需求与偏好，从而建立起品牌与消费者之间的紧密联系。

首先，采用本土化的代言人可以帮助品牌迅速获得目标市场消费者的认可和信任。例如，百事可乐在不同国家选择当地具有高知名度和好感度的明星作为代言人，这种策略不仅迎合了当地消费者的喜好，同时也加强了品牌信息的有效传达和接受度。

其次，结合本土文化元素的广告诉求是品牌传播的一个关键环节。通过融入本土文化特色，如海尔在美国选用 NBA 球星迈克尔·乔丹作为品牌形象代言，成功地将品牌与美国消费者的运动和娱乐文化相结合，展现出品牌的本土化魅力。同样，可口可乐在欧洲强调体育元素，在印度则利用板球文化作为广告主题，以此与当地消费者产生文化共鸣。

　　最后，通过本土化公关活动建立良好的社会形象是提升品牌跨文化传播效果的重要策略。宝洁、大众等公司通过参与中国的"希望工程"和大熊猫保护等公益活动，不仅在消费者心中树立了正面的品牌形象，同时也展示了品牌方对社会责任的承担和对本土文化的尊重。

　　总而言之，从本土化视角出发，中国元素服装品牌可以通过选择本土化代言人、结合本土文化元素的广告诉求和开展本土化公关活动等策略，有效地与目标市场消费者建立起稳固的联系，提升品牌的国际影响力，并在全球化的竞争中占据有利地位。这不仅需要品牌对目标市场文化有深刻的理解和尊重，还需要不断地创新和适应，以实现品牌的长远发展。

参考文献

[1] 张九龄 . 唐六典全译 [M]. 兰州：甘肃人民出版社，1997.

[2] 卞向阳，崔荣荣，张竞琼 . 从古到今的中国服饰文明 [M]. 上海：东华大学出版社，2018.

[3] 崔唯，肖彬 . 纺织品艺术设计 [M]. 北京：中国纺织出版社，2016.

[4] 郭丰秋 . 衣以载道：楚文化在现代服装设计中的传承与应用研究 [M]. 北京：中国纺织出版社，2022.

[5] 李军刚 . 服饰文化学发展战略与前景展望研讨会专集 [M]. 天津：天津人民出版社，2007.

[6] 华梅，要彬 . 中西服装史 [M]. 北京：中国纺织出版社，2014.

[7] 华梅 . 服饰与中国文化 [M]. 北京：人民出版社，2001.

[8] 华梅 . 人类服饰文化学 [M]. 天津：天津人民出版社，1995.

[9] 华梅 . 中国服装史 [M]. 北京：中国纺织出版社，2007.

[10] 王坤 . 中国传统文化元素与艺术设计实践 [M]. 长春：吉林人民出版社，2019.

[11] 金开城 . 中国织绣：中国文化知识读本 [M]. 长春：吉林文史出版社，2012.

[12] 李燕，罗日明 . 中华服饰文化 [M]. 北京：海豚出版社，2022.

[13] 刘元风，崔岩，王可 . 罗衣从风：敦煌服饰创新设计作品集 [M]. 北京：中国纺织出版社，2022.

[14] 卢博佳 . 传承与创新：传统服饰文化对现代服装设计的影响 [M]. 昆明：云南美术出版社，2020.

[15] 钱小萍 . 中国传统工艺全集·丝绸织染 [M]. 郑州：大象出版社，2005.

[16] 梅新林，陈玉兰，刘文 . 江南服饰史 [M]. 上海：上海古籍出版社，2017.

[17] 缪爱莉．中西历代服饰图典 [M]．广州：广东科技出版社，2000.

[18] 缪良云．中国衣经 [M]．上海：上海文化出版社，2000.

[19] 穆慧玲．服装流行与审美变迁 [M]．北京：中国社会科学出版社，2018.

[20] 穆慧玲．中外服饰艺术 [M]．北京：中国社会科学出版社，2014.

[21] 孙运飞．历朝历代服饰 [M]．北京：化学工业出版社，2010.

[22] 田亚莲．民族文化与设计创意 [M]．成都：西南交通大学出版社，2020.

[23] 万宗瑜．男装结构设计 [M]．上海：东华大学出版社，2022.

[24] 王彬．中国传统服饰的传承与设计应用 [M]．沈阳：万卷出版有限责任公司，2021.

[25] 王立．海南黎族服饰符号与时尚展示研究 [M]．北京：中国纺织出版社，2022.

[26] 吴欣．衣冠楚楚：中国传统服饰文化 [M]．济南：山东大学出版社，2017.

[27] 肖慧芬．华夏衣裳：中国服章之美 [M]．北京：中国纺织出版社，2018.

[28] 熊云新，梅国建．艺术欣赏 [M]．北京：人民卫生出版社，2007.

[29] 徐海荣．中国服饰大典 [M]．北京：华夏出版社，2000.

[30] 徐静，穆慧玲．一读就懂的中国服饰简史 [M]．上海：东华大学出版社，2014.

[31] 徐静．中国服饰史 [M]．上海：东华大学出版社，2010.

[32] 艺术研究中心．中国服饰鉴赏 [M]．北京：人民邮电出版社，2016.

[33] 张竞琼，孙晔．中外服装史 [M]．合肥：安徽美术出版社，2012.

[34] 吴中杰．中国古代审美文化论 [M]．上海：上海古籍出版社，2003.

[35] 张轶．现代服装设计方法与创意多维研究 [M]．北京：新华出版社，2021.

[36] 张云鹏．盛唐气象：中国美学思想与艺术审美规律 [M]．长春：吉林人民出版社，2002.

[37] 郑婕．图说中国传统服饰 [M]．西安：世界图书西安出版公司，2008.

[38] 中国纺织工程学会，吕越．虚实之间：2021 时装艺术国际展・中国西樵 [M]．北京：中国纺织出版社，2021.

[39] 周丽娅 . 服装设计学概论 [M]. 武汉：湖北美术出版社，2007.

[40] 周圆 . 汉服时代现代汉服穿搭 [M]. 北京：经济日报出版社，2022.

[41] 韩枫 . 中国造物美学影响下的服装设计研究 [D]. 郑州：中原工学院，2014.

[42] 李改行 . 中国元素在丝绸服饰文化营销中的运用 [D]. 苏州：苏州大学，2013.

[43] 王萌萌 . 中国元素对中外服装设计师影响的差异性分析 [D]. 沈阳：沈阳航空航天大学，2010.

[44] 许莉莉 . 中国元素在中式服装展示设计中的应用研究 [D]. 无锡：江南大学出版社，2008.

[45] 周方媛 . 魏晋南北朝时期女性服饰审美文化研究 [D]. 天津：天津师范大学，2020.

[46] 何莎 . 从文化挪用到设计自信：由"马面裙"事件引发的设计批评思考 [J]. 创意与设计，2023（04）.

[47] 陆兴忍 . 设计回归日常生活趋势研究：兼论当代中国元素服装设计回归日常生活的五个趋势 [J]. 武汉理工大学学报（社会科学版），2018（02）.

[48] 魏秀，袁斐 . 秦汉服饰中纹样浅析及其在现代服饰中应用 [J]. 西部皮革，2018（19）.

[49] 张慧坤 . 中国元素的拓展运用与服装设计方法浅析 [J]. 科技风，2020（12）.